教育部高等学校电子信息类专业教学指导委员会规划教材

高等学校电子信息类专业系列教材

Simulation and Application of MATLAB
and LabVIEW, 2nd Edition

MATLAB和LabVIEW
仿真技术及应用实例

（第2版）

聂春燕　王　桔　张万里　张　猛　编著
Nie Chunyan　　Wang Ju　　Zhang Wanli　　Zhang Meng

清华大学出版社
北京

内 容 简 介

本书介绍 MATLAB 和 LabVIEW 图形化编程仿真软件在相关课程和工程中的应用实例。全书分为 4 篇。其中 MATLAB 部分包括 3 篇,第 1 篇介绍 MATLAB 的基本操作命令、基本绘图功能、M 文件程序设计基础以及符号运算;第 2 篇介绍 Simulink 系统建模以及子系统的封装技术;第 3 篇介绍 MATLAB 在模拟电路、数字电路、信号与系统、数字信号处理、滤波器设计以及数据分析等方面的大量仿真应用实例。第 4 篇即 LabVIEW 仿真软件部分,介绍 LabVIEW 图形化编程功能、虚拟仪器(VI)建模及在实际应用中的仿真实例。

使用 MATLAB 和 LabVIEW 软件可以简单方便地完成复杂计算、仿真分析和图形处理等功能。本书通俗易懂、由浅入深、讲解详细,结合大量具有代表性的应用实例(尤其侧重于本科基础课和专业课程的相关知识)进行仿真和分析,帮助读者理解和掌握两种仿真软件的使用方法和编程技巧,方便读者自学或选学;本书可作为高校电类专业的本科生和研究生的辅助教材,也可作为工程技术人员的参考书。

图书在版编目(CIP)数据

MATLAB 和 LabVIEW 仿真技术及应用实例/聂春燕等编著.—2 版.—北京:清华大学出版社,2018
(2024.1 重印)
(高等学校电子信息类专业系列教材)
ISBN 978-7-302-47936-9

Ⅰ. ①M… Ⅱ. ①聂… Ⅲ. ①Matlab 软件—高等学校—教材 ②软件工具—程序设计—高等学校—教材 Ⅳ. ①TP317 ②TP311.56

中国版本图书馆 CIP 数据核字(2017)第 193487 号

责任编辑:文 怡
封面设计:李召霞
责任校对:焦丽丽
责任印制:杨 艳

出版发行:清华大学出版社
    网　　址:https://www.tup.com.cn,https://www.wqxuetang.com
    地　　址:北京清华大学学研大厦 A 座　　　　　邮　　编:100084
    社 总 机:010-83470000　　　　　　　　　　邮　　购:010-62786544
    投稿与读者服务:010-62776969,c-service@tup.tsinghua.edu.cn
    质量反馈:010-62772015,zhiliang@tup.tsinghua.edu.cn
    课件下载:https://www.tup.com.cn,010-83470236
印 装 者:三河市龙大印装有限公司
经　　销:全国新华书店
开　　本:185mm×260mm　　印　张:11　　　　　字　　数:270 千字
版　　次:2008 年 11 月第 1 版　2018 年 1 月第 2 版　　印　　次:2024 年 1 月第 7 次印刷
定　　价:39.00 元

产品编号:075143-01

前 言
PREFACE

MATLAB/Simulink 和 LabVIEW 是目前工程界流行的仿真软件,具有很强的分析功能。本书将几种仿真软件结合起来,使读者能够在短时间内了解这些软件的主要特点和功能,感受不同软件的特点和优势。MATLAB/Simulink 和 LabVIEW 已经得到了很大程度的普及,尤其在大学校园里被广泛应用,成为本科生和研究生进行数值计算、绘制图形和数据分析的必用仿真软件,同时也成为工程技术人员的常用软件。

MATLAB 将矩阵运算、数值分析、图形处理以及编程技术等功能有机结合在一起,为用户提供了一个强有力的工程问题分析、计算及程序设计工具。

Simulink 是 MATLAB 的一个分支产品,主要用于对动态系统进行模型化和仿真。它充分体现了模块化设计和系统级仿真思想,使建模仿真如同搭积木一样简单,目前广泛应用于控制系统、电子系统、生物医学、航空航天及金融等领域。

LabVIEW 是一种近年来迅速兴起的图形化编程的测试仪器仿真软件,已经成为国内外测试技术的通用编程语言。它打破了传统的计算机编程方式,使用数据驱动方式,用图形代码和连线代替文本的形式编写程序,具有良好的可视化界面。

本书是在《MATLAB 与 LabVIEW 仿真技术及应用实例》(聂春燕等编著,2008 年清华大学出版社出版)一书的基础上,总结了作者多年的使用经验,根据相关专业课程的实际需求,重新修订而成。再版时删除了各章节中实用性不强的内容,扩充了与工程应用关联更加紧密的仿真实例,主要体现在新增加了符号运算及绘图、数据分析和控制系统等章节。本书保持了上一版的体系、特色不变,在内容层次上更加突出重点,强化理论联系实际,更符合本科生、研究生培养的需求,也是工程师很好的自学教材。

本书具有以下特点:

(1) 内容结构合理,紧扣专业。根据专业课程的要求,以工程为背景,将专业知识和实际应用紧密结合。对如何使用 MATLAB、Simulink 和 LabVIEW 进行建模与仿真做了详细的介绍。

(2) 图文并茂,由浅入深。通过难易适宜的仿真实例,循序渐进地进行讲解,层次清晰,使原本枯燥、抽象的内容变得直观形象、通俗易懂。

(3) 仿真实例丰富,涵盖面广。本书给出大量仿真实例,内容涉及多门本科课程,如信号与系统、数字信号处理、模拟电路、数字电路、滤波器设计、自控原理等,特别是再版时增加的符号运算和数值分析等内容,更加适合实际工程的需要。

通过本书的学习,读者可快速了解并掌握 MATLAB/Simulink 和 LabVIEW 仿真软件的应用,学会系统建模仿真的基本方法和技巧,从而解决学习、科研和实际工程中的问题。

全书分为 4 篇,第 1 篇是 MATLAB 基础知识篇,包括第 1~5 章,主要介绍 MATLAB

的基本操作命令、基本绘图功能、M 文件程序设计基础以及符号运算；第 2 篇是 Simulink 动态系统仿真技术篇，包括第 6～8 章，主要讲解 Simulink 建立系统仿真模型以及子系统封装技术；第 3 篇是应用实例仿真篇，包括第 9～13 章，主要讲解 MATLAB 在模拟电路、数字电路、信号与系统、数字信号处理、滤波器设计以及数据分析等方面的大量应用仿真实例；第 4 篇是 LabVIEW 应用篇，包括第 14～15 章，主要讲解 LabVIEW 图形化编程功能、虚拟仪器(VI)建模及在实际应用中的仿真实例。为了配合教学需要，每章都配有练习题。

本书由长春大学电子信息工程学院聂春燕、王桔、张万里和张猛编写。其中，第 4 章、第 6～8 章、第 12 章、第 14～15 章由聂春燕编写；第 13 章由王桔编写；第 1～3 章、第 5 章由张猛、聂春燕编写；第 9～11 章由张万里、聂春燕编写。全书由聂春燕担任主编并负责修改、审定。

本书在写作过程中参考了大量文献，在此对这些文献的作者表示深深的感谢。感谢美国国家仪器(中国)公司提供 LabVIEW 软件的版权。

为了方便教师使用和学生自学，本书配有部分习题参考答案和电子课件等教学资源。本书建议学时为 32～48 学时。

限于编者水平，书中难免有疏漏和不足之处，敬请读者提出批评和建议，以便在教学和实践中予以更正，在此不胜感激！

聂春燕

2017 年 5 月

目 录
CONTENTS

第 1 篇　MATLAB 基础知识

第 1 章　仿真基础 ·· 3

　1.1　MATLAB 语言发展史 ··· 3

　1.2　MATLAB 初步应用 ·· 3

　　1.2.1　MATLAB 桌面 ··· 3

　　1.2.2　MATLAB 工具条 ··· 4

　　1.2.3　MATLAB 的指令窗 ·· 4

　　1.2.4　MATLAB 的工作空间 ·· 6

　习题 1 ··· 6

第 2 章　MATLAB 基本操作命令 ·· 7

　2.1　变量及其赋值 ·· 7

　　2.1.1　标识符号 ·· 7

　　2.1.2　赋值 ·· 7

　　2.1.3　复数 ·· 8

　　2.1.4　MATLAB 中的基本赋值矩阵 ··· 8

　2.2　矩阵和数组的基本运算 ·· 9

　　2.2.1　矩阵和数组的四则运算 ··· 9

　　2.2.2　矩阵和数组的乘方和幂次函数 ··· 11

　　2.2.3　矩阵和数组的基本函数 ··· 11

　2.3　矩阵和数组的关系、逻辑运算 ·· 12

　　2.3.1　关系运算 ··· 12

　　2.3.2　逻辑运算 ··· 12

　习题 2 ·· 13

第 3 章　MATLAB 基本绘图功能 ·· 14

　3.1　二维图形 ·· 14

　　3.1.1　基本二维绘图函数 ·· 14

　　3.1.2　线型、点型、颜色 ·· 17

　　3.1.3　窗口控制 ··· 19

　　3.1.4　坐标轴控制命令 ·· 21

　　3.1.5　图形标注 ··· 21

3.2 三维图形 ·· 23

    3.2.1 三维 plot3 绘图函数 ··· 23

    3.2.2 三维曲面网线绘图 ·· 24

    3.2.3 切片图 ··· 26

习题 3 ·· 27

第 4 章 符号运算及绘图 ·· 28

4.1 符号运算 ·· 28

4.2 符号数学的简易绘图 ·· 29

    4.2.1 二维符号数学简易绘图 ·· 30

    4.2.2 三维符号简易绘图 ·· 30

习题 4 ·· 31

第 5 章 M 文件程序设计 ··· 32

5.1 M 文件 ··· 32

    5.1.1 M 文件的建立与编辑 ·· 32

    5.1.2 命令文件 ·· 33

    5.1.3 函数文件 ·· 34

5.2 程序流程控制 ··· 36

    5.2.1 循环控制语句 ··· 36

    5.2.2 条件控制语句 ··· 39

习题 5 ·· 40

第 2 篇 Simulink 动态系统仿真技术

第 6 章 Simulink 仿真基础 ·· 43

6.1 Simulink 的功能 ··· 43

6.2 Simulink 启动和退出 ·· 44

6.3 Simulink 模块库 ··· 45

6.4 Simulink 模块的基本操作 ··· 47

习题 6 ·· 49

第 7 章 Simulink 系统建模及仿真应用 ·· 50

7.1 创建仿真模型的步骤 ·· 50

7.2 系统仿真时间参数的设置 ·· 50

7.3 Simulink 仿真应用实例 ··· 51

习题 7 ·· 59

第 8 章 Simulink 子系统的创建及封装 ·· 60

8.1 创建子系统 ·· 60

    8.1.1 通过已有模块建立子系统 ··· 60

    8.1.2 通过 Subsystem 模块建立子系统 ·· 62

8.2 子系统的封装 ··· 63

8.3 子系统创建及封装的应用实例 ··· 65

习题 8 ·· 70

第 3 篇　MATLAB 应用实例仿真

第 9 章　MATLAB/Simulink 在电路中的仿真应用 …………………………… 73
9.1　模拟电路的仿真应用 ……………………………………………………… 73
9.1.1　电阻电路 ……………………………………………………………… 74
9.1.2　动态电路 ……………………………………………………………… 76
9.1.3　正弦稳态电路 …………………………………………………………… 79
9.1.4　频率响应电路 …………………………………………………………… 82
9.2　数字电路的仿真应用 ……………………………………………………… 83
9.2.1　编码器的设计 …………………………………………………………… 83
9.2.2　译码器的设计 …………………………………………………………… 86
9.2.3　数据选择器的设计 ……………………………………………………… 88
9.2.4　加法器的设计 …………………………………………………………… 90
习题 9 ……………………………………………………………………………… 92

第 10 章　MATLAB 在信号与系统中的仿真应用 ………………………… 93
10.1　连续信号及仿真运算 ……………………………………………………… 93
10.2　线性时不变系统的模型之间转换 ………………………………………… 100
习题 10 …………………………………………………………………………… 101

第 11 章　MATLAB 在数字信号处理及滤波器中的应用 ………………… 103
11.1　离散信号的运算 …………………………………………………………… 103
11.2　傅里叶变换与 Z 变换 …………………………………………………… 105
11.3　FIR 数字滤波器的设计 …………………………………………………… 106
11.4　IIR 数字滤波器的设计 …………………………………………………… 108
11.5　量化与调制 ………………………………………………………………… 113
习题 11 …………………………………………………………………………… 114

第 12 章　MATLAB 在数据分析中的应用 ………………………………… 115
12.1　数据插值 …………………………………………………………………… 115
12.2　多项式曲线拟合 …………………………………………………………… 116
12.3　观测数据分析 ……………………………………………………………… 118
12.3.1　条形图数据分析 ……………………………………………………… 118
12.3.2　饼图数据分析 ………………………………………………………… 119
习题 12 …………………………………………………………………………… 120

第 13 章　MATLAB 在控制系统中的应用 ………………………………… 121
13.1　系统的传递函数 …………………………………………………………… 121
13.2　线性系统的时域分析 ……………………………………………………… 122
13.3　控制系统的根轨迹分析 …………………………………………………… 126
13.4　控制系统的时域稳定性分析 ……………………………………………… 128
13.5　控制系统的频域分析 ……………………………………………………… 130
习题 13 …………………………………………………………………………… 133

第 4 篇　LabVIEW 基本功能及应用实例

第 14 章　LabVIEW 基本功能 ……………………………………………… 137
14.1　基本窗口功能 ……………………………………………………………… 137

14.2 工具栏 ········· 140
14.2.1 前面板窗口工具栏 ········· 140
14.2.2 框图程序窗口工具栏 ········· 140
14.3 LabVIEW 的浮动模板功能 ········· 141
14.3.1 工具模板 ········· 141
14.3.2 控制模板 ········· 142
14.3.3 功能模板 ········· 143
14.3.4 Express VIs 模块功能 ········· 144
14.3.5 Simulate Signal.vi 应用举例 ········· 145
14.4 LabVIEW 文本数据表示 ········· 147
14.4.1 文本数据表达 ········· 147
14.4.2 指示元件数据表达 ········· 147
14.4.3 二维波形显示 ········· 148
14.5 LabVIEW 图形显示 ········· 151
习题 14 ········· 152
第 15 章 LabVIEW 创建 VI 的方法与实例 ········· 153
15.1 LabVIEW 创建 VI 的设计步骤 ········· 153
15.1.1 前面板的设计 ········· 153
15.1.2 框图程序(后面板)的设计 ········· 154
15.2 VI 程序的调试方法 ········· 155
15.3 应用实例 ········· 156
15.4 For 循环和 While 循环的应用 ········· 159
15.4.1 For 循环 ········· 159
15.4.2 While 循环 ········· 160
习题 15 ········· 166
参考文献 ········· 167

PART ONE

第 1 篇

MATLAB 基础知识

第 1 章

仿 真 基 础

MATLAB 广泛地应用于工程设计的各个领域(如电子、通信等领域),已经成为国际上流行的计算机仿真软件设计工具之一。现在的 MATLAB 不仅是一个矩阵实验室,而且是一种实用的、功能强大的和不断更新的高级计算机编程语言。

1.1 MATLAB 语言发展史

在 20 世纪 70 年代中后期,美国 New Mexico 大学计算机系主任 Cleve Moler 博士在给学生讲授线性代数时,发现学生们应用 EISPACK 和 LINPACK 库程序编写 FORTRAN 接口特别困难,于是他亲自动手,在业余时间开发出方便学生使用的接口程序,并且用 MATrix 和 LABoratory 两个单词的前 3 个字母组合成一个名字——MATLAB。在以后几年中,MATLAB 作为教学辅助软件在多所大学里使用,并作为免费软件广为流传。

现在的 MATLAB 程序是 MathWorks 公司用 C 语言开发的。20 世纪 90 年代初期,在国际上众多数学类科技应用软件中,MATLAB 在数学计算方面独占鳌头。MathWorks 公司于 1993 年推出 MATALB 4.0;1995 年,MathWorks 公司推出了 MATLAB 4.2C。MATLAB 4.x 版在继承和发展其原有的数值计算和图形可视能力的同时,增加了以下功能:①推出 Simulink。②开发出基于 Word 处理平台的 Notebook,运用 DDE 和 OLE 实现了 MATLAB 与 Word 的无缝连接,从而为专业科技工作者创造了融科学计算、图形可视、文字处理于一体的高水准环境;推出符号计算工具包。③开发了与外部进行直接数据交换的组件,打通了 MATLAB 进行实时数据分析、处理和硬件开发的道路。1997 年,MathWorks 公司推出了 MATLAB 5.0;2000 年推出了 MATLAB 6(Release 12);直到现在的 MATLAB 2017。MATLAB 已经被确认为准确、可靠的科学计算标准软件。在许多国际一流刊物上,都可以看到 MATLAB 的应用。在设计研究单位和工业部门,MATLAB 被认作进行高效研究和开发的首选软件工具。

1.2 MATLAB 初步应用

MATLAB 既是一种语言,又是一种编程环境。

1.2.1 MATLAB 桌面

MATLAB 桌面上包含一些 MATLAB 的工具。MATLAB 是一种指令式语言,用户可以通过界面、指令改变初始化的设置。表 1-1 列出了 MATLAB 桌面工具。

表 1-1　MATLAB 桌面工具

桌面工具	描　　述
Command Window	指令窗：执行 MATLAB 指令、函数和语句
Command History	指令历史窗：可以查询已在指令窗中执行过的指令
CurrentDirectory Rowser	当前路径浏览器：查看文件、管理文件执行路径或管理个人文件
Editor/Debugger	编辑器/调试器：创建、编辑和调试 M 文件
Figures	图形窗：创建、修改、查看和打印图形窗

1.2.2　MATLAB 工具条

MATLAB 中的工具条如图 1-1 所示。

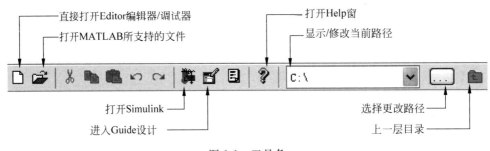

图 1-1　工具条

1.2.3　MATLAB 的指令窗

MATLAB 指令窗是 MATLAB 十分重要的组成部分，是用户与 MATLAB 交互的工具。它是直接运行函数或脚本的窗体，这里只介绍一些最简单、直接的输入法。通过学习本节的内容，读者可以对 MATLAB 的使用方法有一个良好的初始感受。

【例 1-1】　求$[5\times(7-4)+6]\div3^2$ 的运算结果。

```
>> (5 * (7 - 4) + 6)/3 ^ 2      % 圆括号也可换成方括号
ans =
    2.3333
```

程序说明：

在指令行前都有"＞＞"提示符。在计算结果中显示的 ans 是英文 answer 的缩写，其含义是"运算答案"，它是 MATLAB 运算结果默认变量。如果在指令行后加上"；"符号，将不会在指令行窗中显示运行结果。百分号"％"表示后面是不被执行的注释段，恰当的注释可以保证程序的可读性。

【例 1-2】　矩阵输入方法练习。

```
>> T = [1 2 3;4 5 6;7 8 9]          % 输入矩阵,然后按 Enter 键
```

运算结果如下：

```
T =      1    2    3
         4    5    6
         7    8    9
```

如果输入:

```
>> mean(T)              %   求各列元素的平均值
```

运算结果如下:

```
ans =
     4     5     6
```

程序说明:

输入矩阵时,矩阵每行的各个元素用空格或逗号","分隔,矩阵每个行之间用分号";"隔离。整个矩阵放在方括号"[ ]"中。变量 T 会保存到 MATLAB 工作空间(Workspace),以备后用。

1. 指令窗的控制键

在 MATLAB 中有大量十分有用的控制键,使用"↑""↓"键可以调用以前输入的指令行,这两个控制键根据指令历史窗(Command History)所保存的指令进行回调上下一行指令,如果指令历史窗中保存的指令被清除则无法调用。表 1-2 介绍了 MATLAB 中的一部分控制键及其作用。

表 1-2 指令窗快捷键

键	相应快捷键	功　能
↑	Ctrl+P	回调上一行
↓	Ctrl+N	回调下一行
←	Ctrl+B	回移一个字符
→	Ctrl+F	前移一个字符
Ctrl+→	Ctrl+R	回移一个单词
Ctrl+←	Ctrl+L	前移一个单词

2. 指令窗的控制指令

常用的一些指令如表 1-3 所列,这部分是 MATLAB 中使用频率最高的一些指令。例如,在指令窗直接输入指令 clc 可以清除指令窗内所有显示的信息。

表 1-3 指令窗的通用指令

指　令	说　明
cd	设置当前工作目录
clf	清除图形窗
clc	清除指令窗中的显示内容
clear	清除工作空间中的变量
help	在指令窗显示函数的帮助
demo	通过 Help 浏览器访问演示程序

3. 指令窗的标点符号

为了确保指令正确执行,符号一定要在"英文"状态下输入,MATLAB 不能识别中文标点符号。表 1-4 列出了一部分指令窗的标点符号。

表 1-4　指令窗的标点符号

名　称	标　点	作　　用
空格		用于输入量之间的分隔符；数组元素分隔符
逗号	,	用于显示计算结果的指令的分隔；用于输入量之间的分隔；用于数组元素的分隔
黑点	.	数值表示的小数点
分号	;	用于不显示计算结果的指令结尾标志；用于不显示计算结果指令间的分隔；用于数组元素的分隔
冒号	:	用于生成一维数值数组，用于单下标援引时，表示全部元素构成长列；用于多下标援引时，表示维上的全部元素
注释号	%	由它开始的所有指令行被看作非执行的注释
单引号对	' '	字符串记述符
圆括号	( )	在数组援引时，用函数指令输入向量列表时使用
方括号	[ ]	在输入数组时，用函数指令输出向量列表时使用

【例 1-3】　计算 $y = \dfrac{\sqrt{10}\sin(0.6\pi)}{2+\sqrt{7}}$ 的值。

在 MATLAB 指令窗口中输入如下指令：

$y = \mathrm{sqrt}(10) * \sin(0.6 * \mathrm{pi})/(2 + \mathrm{sqrt}(7))$

按 Enter 键后，指令计算结果为

y = 0.6474

注意：若在变量或表示式后面加";"，则不显示变量或表达式的内容；如果想看到表达式的运算结果，则在表达式后面不加";"，直接按 Enter 键即可。

1.2.4　MATLAB 的工作空间

在 MATLAB 中，工作空间是一个十分重要的概念。工作空间指运行 MATLAB 的函数或指令所生成的所有变量和 MATLAB 提供的常量构成的空间，这是一个比较虚拟（或抽象）的概念。MATLAB 一打开会自动创建一个工作空间，直到关闭 MATLAB 后自动消失。刚运行的 MATLAB 工作空间中只有几个 MATLAB 预定义的变量，如 pi（即 π）、虚数 i 和 j 等。在运行 MATLAB 程序过程中，程序的变量会被加入工作空间中，只有使用特殊的指令 clear 删除变量，否则变量会一直存在直到关闭 MATLAB。因此，在 MATLAB 工作空间中变量不仅可以被创建程序使用也可以被其他程序使用，这与其他编程工具有着很大的区别。使用者需要特别注意，否则将显示错误的计算结果。在使用 MATLAB 时可以随时查看工作空间中的变量名和变量值，也可以保存这些变量以备下次使用。这里需要说明工作空间与指令窗的区别，指令窗是一个实体，它是用户输入函数和程序的一个窗体，大多数变量都是通过这个窗体产生的，而工作空间保存指令窗运行的所有变量。

习题 1

1-1　与其他计算机语言相比较，MATLAB 语言的突出特点是什么？

1-2　MATLAB 操作桌面有几个窗口？如何使某个窗口脱离桌面成为独立窗口？又如何将脱离出去的窗口重新集成到桌面上？

第 2 章

MATLAB 基本操作命令

2.1 变量及其赋值

2.1.1 标识符号

标识符是标量名、常量名、函数名和文件名的字符串的总称。在 MTALAB 中,变量与常量的标识符最长允许 19 个字符; MTALAB 7.0 以后版本的许多函数和文件名可以超过 8 个字符。这些字符包括全部的英文字母(大小写共 52 个)、阿拉伯数字和下画线等符号。对于 Simulink,文件名的标识符中第 1 个字符必须是英文字母。MTALAB 对大小写敏感,即 A 和 a 是两个不同的字符。本章重点介绍矩阵和数组的运算区别、利用矩阵运算求线性方程组以及矩阵和数组的关系运算和逻辑运算。

2.1.2 赋值

赋值就是把数赋予代表常量或变量的过程。MATLAB 中的变量或常量都代表矩阵,标量被看作 1×1 的矩阵。赋值语句的一般形式为

变量=表达式(或数)

【例 2-1】 元素既可以是数也可以是表达式。

输入:

```
x = [-1.3  sqrt(3)  (1+2+3)/5*4]
```

按 Enter 键,结果为

```
x =   -1.3000    1.7321    4.8000
```

输入:

```
mean(x)        % 求元素的均值
```

按 Enter 键,结果为

```
ans =
    1.7440
```

可以看出,矩阵的值放在方括号"[ ]"中,同一行中各元素之间以逗号或空格分开,不同的行则以分号隔开,语句的结尾用回车符,此时会立即显示运算结果;如果不希望显示结果,则以分号结尾,此时运算仍然执行,只是不显示。

2.1.3 复数

MATLAB 的每一个元素都可以是复数,实数是复数的特例。复数的虚数部分用 i 或 j 表示,这是在 MATLAB 启动时就在内部设定的。

【例 2-2】 输入如下复数表达式,观察结果。

```
c = 3 + 2.5i
```

得

```
c =   3.0000 + 2.5000i
```

输入:

```
z = [1 + 2i   3 + 4i;5 + 6i   7 + 8i];
w = z'                    % 共轭转置
```

得

```
w =   1.0000  - 2.0000i 5.0000  - 6.0000i
      3.0000  - 4.0000i 7.0000  - 8.0000i
```

输入:

```
u = conj(z)              % 共轭
```

得

```
u =   1.0000 - 2.0000i  3.0000 - 4.0000i
      5.0000 - 6.0000i  7.0000 - 8.0000i
```

输入:

```
v = conj(z)'             % 转置
```

得

```
v = 1.0000 + 2.0000i  5.0000 + 6.0000i
    3.0000 + 4.0000i  7.0000 + 8.0000i
```

运算符"'"表示把矩阵做共轭转置,即把它的行列互换,同时,把每个元素的虚部符号取反。若只取共轭,函数命令为 conj。若只求转置,就把 conj 和 ' 结合起来完成。

2.1.4 MATLAB 中的基本赋值矩阵

为了方便赋值,MATLAB 提供了一些常用基本矩阵,如表 2-1 所示。

表 2-1 基本矩阵

基本矩阵	zeros	全 0 矩阵(m×n)	logspace	对数均分向量(1×n 数组)
	ones	全 1 矩阵(m×n)	freqspace	频率特性的频率区间
	rand	随机矩阵(m×n)	meshgrid	画三维曲面时的 X,Y 网格
	randn	正态随机数矩阵(m×n)	:	将元素按列取出排成一列
	eye(n)	单位矩阵(方阵)		
	linspace	均分向量(1×n 数组)		

续表

特殊变量和函数	ans	默认运算结果	inf	Infinity(无穷大)
	eps	浮点数相对精度	NaN	Not-a-Number(非数)
	realmax	最大浮点实数	flops	浮点运算次数
	realmin	最小浮点实数	computer	计算机类型
	pi	3.141592635358579	inputname	输入变量名
	i,j	虚数单位	size	多维矩阵的各维长度
	length	一维矩阵长度		

【例 2-3】　输入全 1 的矩阵 f1＝ones(3,2)、全 0 的矩阵 f2＝zeros(2,3)、魔方矩阵 f3＝magic(3),单位矩阵 f4＝eye(2),然后分别按 Enter 键,观察结果。

```
f1 =    1    1
        1    1
        1    1
f2 =    0    0    0
        0    0    0
f3 =    8    1    6
        3    5    7
        4    9    2
f4 =    1    0
        0    1
```

注意:单位矩阵 eyes(n)是 n×n 的方阵,其对角线上的元素为 1,其余的元素均等于 0。

【例 2-4】　线性分割函数 linspace(a,b,n),要求在 0~1 内均匀地产生 5 个点值,观察结果。

解:根据题意取 a＝0,b＝1,n＝5,则

输入:

```
y = linspace(0,1,5)
```

按 Enter 键,得

```
y =    0    0.2500    0.5000    0.7500    1.0000
```

表明在 0~1 内产生包含起始点和最末点共计 5 个点值。

2.2　矩阵和数组的基本运算

2.2.1　矩阵和数组的四则运算

1. 矩阵运算

矩阵算术运算的书写格式与普通的算术相同,包括加、减、乘、除,也可用括号规定运算的优先次序。但它的乘法定义与普通数(标量)不同。相应地,作为乘法逆运算的除法也不同,有左除(\)和右除(/)两种符号。

两矩阵的相加(减):就是对应元素的相加(减),因此,要求相加(减)的两矩阵的阶数必须相同。

乘法:X * Y 和 Y * X 两种运算结果不同。

除法：左除(\)和右除(/)两种运算，结果也不同，乘除法必须遵循矩阵的运算法则。

下面来看矩阵示例。

设 A＝[1,2,3;4,5,6]，B＝[2,4,0;1,3,5]，D＝[1,4,7;8,5,2;3,6,0]，其乘除的结果如表 2-2 所示。

表 2-2　矩阵乘除法示例

算　式	答　案
A ∗ B	??? Error using ＝＝＞ mtimes Inner matrix dimensions must agree.（内阶数必须相等）
A′ ∗ B	ans ＝　　6　　16　　20 　　　　　9　　23　　25 　　　　　12　　30　　30
D\A	??? Error using ＝＝＞ mldivide Matrix dimensions must agree.（行数不等）
A/D	ans ＝　　0.4074　　0.0741　　0.0000 　　　　　0.7407　　0.4074　　0.0000

矩阵除法可以方便地解线性方程组，这也是矩阵运算常见的应用之一。

【例 2-5】 解线性方程组

$$\begin{cases} 6x_1 + 3x_2 + 4x_3 = 3 \\ -2x_1 + 5x_2 + 7x_3 = -4 \\ 8x_1 - 4x_2 - 3x_3 = -7 \end{cases}$$

求方程组的解 $\boldsymbol{x}＝[x_1;x_2;x_3]$。

解：方程组形式可写成矩阵形式 $\boldsymbol{A}x＝\boldsymbol{B}$，MATLAB 程序为

```
A = [6,3,4; -2,5,7;8, -4, -3];B = [3; -4; -7];x = A\B
```

运算得

```
x =   0.6000
      7.0000
     -5.4000
```

2. 数组运算

数组和矩阵的加减运算没有区别，都是对应元素的加减运算，都要注意相加减的两个矩阵或数组必须有相同的阶数。

数组的乘法运算用符号". ∗"表示，A、B 两数组必须具有相同的阶数，A. ∗ B 表示 A 和 B 中对应元素之间相乘，则

$$\begin{bmatrix} a_1b_1 & a_2b_2 & \cdots & a_nb_n \end{bmatrix}$$ （可见 A 与 B 的维数必须相同）

数组的除法运算用符号". \"或". /"表示，要求 A 与 B 也必须具有相同的阶数。A.\B 表示 B 中的元素分别除以 A 中的对应元素，是数组对应元素间的运算，这与矩阵的左除、右除不一样。

若数组点右除，即两数组的对应元素右除 A. /B，则

$$\begin{bmatrix} a_1 \dfrac{1}{b_1} & a_2 \dfrac{1}{b_2} & \cdots & a_n \dfrac{1}{b_n} \end{bmatrix}$$ （A、B 维数必须相同）

若数组点左除 A. \B，则

$$\begin{bmatrix} b_1\dfrac{1}{a_1} & b_2\dfrac{1}{a_2} & \cdots & b_n\dfrac{1}{a_n} \end{bmatrix}\quad (A、B维数必须相同)$$

2.2.2　矩阵和数组的乘方和幂次函数

MATLAB 的运算符 ＊、/、\ 和^,指数函数 expm,对数函数 logm 和开方函数 sqrtm 是对矩阵进行的,即把矩阵作为一个整体运算。数组是对元素分别进行的,即"元素群的运算"。数组幂运算是对其元素逐一进行幂运算。表 2-3 给出了一些示例。

表 2-3　矩阵运算和数组运算的例子

输入语句	输出结果			说　明
D^2	ans ＝　54　66　15 54　69　66 51　42　33			按矩阵运算
2.^D	ans ＝　2　16　128 256　32　4 8　64　1			按元素群运算
logm(D)	ans ＝　1.2447　−0.9170　2.8255 1.6044　2.5760　−1.9132 −0.7539　1.1372　1.6724			按矩阵运算
log(D)	ans ＝　0　1.3863　1.9459 2.0794　1.6094　0.6931 1.0986　1.7918　−Inf			按元素群运算

注：表中 $D = \begin{bmatrix} 1 & 4 & 7 \\ 8 & 5 & 2 \\ 3 & 6 & 0 \end{bmatrix}$。

2.2.3　矩阵和数组的基本函数

MATLAB 函数大部分都适于做数组运算,只有专门说明的几个除外,如 ＊、/、\、^ 运算符和指数函数 expm、对数函数 logm、开方函数 sqrtm,是用于矩阵运算的。表 2-4 基本函数库中的常用函数都可用于数组运算。

表 2-4　基本函数库

三角函数	sin	正弦	asin	反正弦	coth	双曲余切
	cos	余弦	acos	反余弦	acoth	反双曲余切
	tan	正切	atan	反正切	sech	双曲正割
	cot	余切	acot	反余切	asech	反双曲正割
	sec	正割	asec	反正割	csch	双曲余割
	csc	余割	acsc	反余割	acsch	反双曲余割
	sinh	双曲正弦	asinh	反双曲正弦	atan2(x,y)	4 象限反正切
	cosh	双曲余弦	acosh	反双曲余弦		
	tanh	双曲正切	atanh	反双曲正切		

续表

指数 函数	exp	以 e 为底的指数	log	自然对数	nextpow2	比输入数大的最近 的 2 的幂
	log2	以 2 为底的对数	pow2	2 的幂		
	log10	以 10 为底的对数	sqrt	方根		
复 数	abs	绝对值和复数模值	angle	相角	unwrap	去掉相角突变
	real	实部	conj	共轭复数	cplxpair	按复数共轭对排序 元素群
	imag	虚部	isreal	是实数时为真		
取整 函数	round	四舍五入为整数	floor	向 −∞ 舍入为整数	rem(a,b)	a 整除 b,求余数
	fix	向 0 舍入为整数	sign	符号函数	mod(x,m)	x 整除 m 取正余数
	ceil	向 +∞ 舍入为整数				

2.3 矩阵和数组的关系、逻辑运算

2.3.1 关系运算

关系运算是指两个元素之间的数值比较,MATLAB 提供了 6 种关系运算,其结果返回 "1"或"0",表示运算关系是否成立。"0"表示关系"假",即它不成立;"1"表示该关系为 "真",即该关系式是正确的。关系运算符如表 2-5 所列。

表 2-5 关系运算符

<	<=	>	>=	==	~=
小于	小于或等于	大于	大于或等于	等于	不等于

MATLAB 中的关系运算常应用于矩阵和数组,对各个元素进行元素群运算,因此两个 相比较的矩阵或数组必须有相同的阶数,输出结果也是同阶的。

【例 2-6】 在命令窗口输入两矩阵,比较两矩阵间对应元素的关系。

```
>> a = [0, −1,2];
>> b = [−3,1,2];
>> a < b
ans =      0    1    0
>> a > = b
ans =      1    0    1
>> a ~ = b
ans =      1    1    0
```

关系运算符通常用于程序的流程控制应用中,常与 if、while、for、switch 等控制命令联 合使用。

2.3.2 逻辑运算

在 MATLAB 中,常用的有 4 种逻辑运算符用于逻辑运算,包含"与"运算符"&"(或 AND)、"或"运算符"|"(或 OR)、"非"运算符"~"(或 NOT)和 XOR(异或)运算。其中

"&"和"|"是对同阶矩阵中的对应元素进行逻辑运算,如果其中一个是标量,则标量逐个与矩阵中的每一个元素进行逻辑运算。"～"用于对单个矩阵或标量进行取反运算。

- &(与)运算,当运算双方对应元素的值均为非 0 时,结果为 1,否则为 0。
- |(或)运算,当运算双方对应元素的值有一个为非 0 时,结果为 1,否则为 0。
- ～(非)运算,当元素的值为 0 时,结果为 1,否则为 0。
- XOR(异或)运算,相同为 0,不同为 1。

```
>> a = [0, -1,2;2,0,6];
>> b = [-1,0,0;2,5,0.3];
>> a&b
ans = 0     0     0
      1     0     1
>> xor(a,b)
ans = 1     1     1
      0     1     0
```

习题 2

2-1　求 $x = \begin{bmatrix} 4+8i & 3+5i & 2-7i & 1+4i & 7-5i \\ 3+2i & 7-6i & 9+4i & 3-9i & 4+4i \end{bmatrix}$ 的共轭转置。

2-2　计算 $a = \begin{bmatrix} 6 & 9 & 3 \\ 2 & 7 & 5 \end{bmatrix}$ 与 $b = \begin{bmatrix} 2 & 4 & 1 \\ 4 & 6 & 8 \end{bmatrix}$ 的数组乘积。

2-3　对于 $AX = B$,如果 $A = \begin{bmatrix} 4 & 9 & 2 \\ 7 & 6 & 4 \\ 3 & 5 & 7 \end{bmatrix}$,$B = \begin{bmatrix} 37 \\ 26 \\ 28 \end{bmatrix}$,求解 X。

2-4　已知:$a = \begin{bmatrix} 1 & 2 & 3 \\ 4 & 5 & 6 \\ 7 & 8 & 9 \end{bmatrix}$,分别计算 a 的数组平方和矩阵平方,并观察其结果。

2-5　$a = \begin{bmatrix} 1 & 2 & 5 \\ 3 & 6 & -4 \end{bmatrix}$,$b = \begin{bmatrix} 8 & -7 & 4 \\ 3 & 6 & 2 \end{bmatrix}$,观察 a 与 b 之间的关系运算结果。

第 3 章

MATLAB 基本绘图功能

3.1 二维图形

任何一个二元标量(x,y)都可以用平面上的一个点表示;同样一组向量对(x,y)可用一组点表示。在坐标系中表现向量点就是离散数据的可视化。连续可视化包含两种方法:①使区间更细化,以生成更多点表现函数的连续变化;②将相邻两点间线性相连,以近似表现函数的变化,应注意的是,采样点需要足够多,才能够比较真实地反映原函数的连续性变化。

3.1.1 基本二维绘图函数

在二维绘图函数中,最重要、最基本的函数是 plot 函数。其他函数基本都是以它为基础的。表 3-1 列出了本章主要讲解的 MATLAB 绘制二维曲线图形的基本函数。

表 3-1 二维曲线绘制函数

函　数	说　明
plot	在二维坐标系里绘制线性图形
plotyy	绘制双 y 轴图形

plot 函数的调用格式如下:

plot(y):若 y 为实数,则绘制以自然数$(1,2,\cdots)$为横坐标,以 y 为纵坐标的连续曲线;若 y 为复数,则绘制连接$(\text{real}(y),\text{imag}(y))$的曲线。

plot(x,y):绘制以 x 为横坐标,y 为纵坐标的二维曲线。x 和 y 主要包含以下 3 种情况:

- x 和 y 都为向量时,x 和 y 的长度大小相同。
- x 和 y 都为数组(非向量)时,x 和 y 的大小必须相同。
- x 和 y 中一个为向量(行或列向量),一个为数组(非向量)时,行向量或列向量长度应该和数组的行长度(列长度)相同。

plot(x1,y1,x2,y2,$\cdots$):多输入变量,绘制多条曲线。

plot(x1,y1,LineSpec,$\cdots$):参数 LineSpec 设定图形的线型、点型和颜色等属性。

【例 3-1】 plot 的应用——绘制曲线 $y=7\sin(3x)$。

解:编写程序如下:

```
x = 0:0.1:10;
y = 7 * sin(3 * x);
plot(x, y)
```

运行结果如图 3-1 所示。

为便于观察曲线,常常需要加上网格,可在 plot 语句的下一句加上 grid on,运行后如图 3-2 所示。

```
x = 0:0.1:10;
y = 7 * sin(3 * x);
plot(x, y)
grid on
```

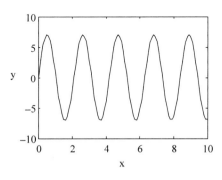

图 3-1　无网格曲线

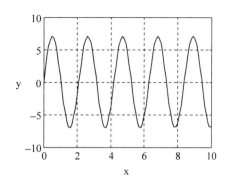

图 3-2　有网格曲线

【例 3-2】　在一个图形窗口绘制多条曲线。

在 plot 后面还可以使用多输入变量,是实际中常用的绘图方法。

如:plot(x1,y1,x2,y2,x3,y3,x4,y4,…),每对 x-y 数组可以画一条曲线,这样可以在一个坐标轴上绘制多条曲线,同时也可以定义颜色、线型、点型等属性。

```
x = 0:0.05:5;            % 产生 101 个数据点,间隔为 0.05
y = sin(x.^2);
```

注意区分数组和矩阵的不同:

y＝sin(x.^2)意味数组 x 的平方;

y＝sin(x^2)意味矩阵 x 的平方。

(1) 绘制一条以自然数为横坐标的曲线,横坐标采样点为 101 个自然数,间隔为 1,程序如下,结果如图 3-3 所示。

```
x = 0:0.05:5;
y = sin(x.^2);
plot(y)
```

(2) 若绘制一条以 x 为横坐标的曲线,绘图语句修改如下,结果如图 3-4 所示。

```
plot(x, y)
```

注意:plot(y)和 plot(x,y)所绘制曲线的区别,主要体现在横坐标代表的含义不同,前者是以自然数为横坐标绘制曲线,后者是以 x 的具体数值为横坐标绘制曲线。

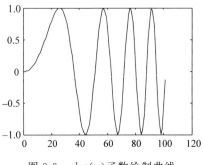

图 3-3　plot(y)函数绘制曲线

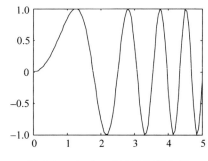

图 3-4　plot(x,y)函数绘制曲线

（3）若在同一坐标绘制两条曲线，编写如下程序，结果如图 3-5 所示。

```
x - 0:0.05:5;
y = sin(x.^2);
m = x - 0.25;
n = y - 0.5;
plot(x,y,m,n)    % 绘制两条曲线,plot 会自动定义不同曲线的颜色
```

（4）若在同一坐标绘制 3 条曲线，编写如下程序，结果如图 3-6 所示。

```
x = 0:0.05:5;
y = sin(x.^2);
m = x - 0.25;
n = y - 0.5;
z = cos(m);
w = sin(n);
plot(x,y,m,n,z,w)    % 曲线颜色默认
```

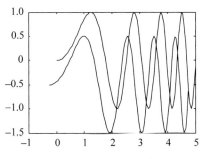

图 3-5　plot 函数绘制两条曲线

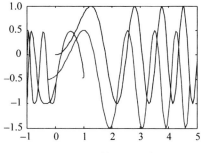

图 3-6　plot 函数绘制 3 条曲线

（5）若需要定制 3 条曲线为不同颜色，则绘图语句可改为

```
plot(x,y,'r',m,n,'g',z,w,'b')    % r、g、b 分别代表红色、绿色和蓝色
```

比较特殊的就是双 y 轴绘制函数 plotyy。如 plotyy(x1,y1,x2,y2)表示分别以 x1 和 x2 为横坐标，绘制左 y 轴(y1)、右 y 轴(y2)的图形。

【例 3-3】　绘制双坐标曲线。

（1）对于例 3-2，若绘制双纵坐标轴，完整程序如下：

```
x = 0:0.05:5;
y = sin(x.^2);
m = x - 0.25;
n = y - 0.5;
plotyy(x,y,m,n)
```

程序运行结果如图 3-7 所示。

需要注意的是 plotyy 函数在同一个坐标轴上最多只允许画两条曲线。

（2）

```
x = 0:0.01:20;
y1 = 200 * exp( - 0.05 * x). * sin(x);
y2 = 0.8 * exp( - 0.5 * x). * sin(10 * x);
plotyy(x,y1,x,y2);        % 绘制双坐标轴图形
```

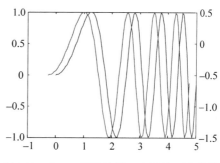

图 3-7　plotyy 函数绘制双坐标轴两条曲线

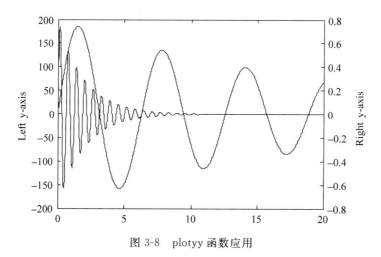

图 3-8　plotyy 函数应用

3.1.2　线型、点型、颜色

MATLAB 针对绘图命令定义了一些线型、色彩和数据点型（如表 3-2 和表 3-3 所列）。这些参数对应 plot 等函数的 LineSpec 参量的值。

表 3-2　线型、色彩符号

线形符号	含　义	色彩符号	含　义	色彩符号	含　义
-	实线	b	蓝色	m	品红色
--	双画线	g	绿色	y	黄色
:	虚线	r	红色	k	黑色
-.	点画线	c	青色	w	白色

表 3-3　数据点型符号

符　号	含　义	符　号	含　义	符　号	含　义
+	十字符	^	上三角符	s	正方符
o	空心圆	v	下三角符	d	菱形符

符　号	含　义	符　号	含　义	符　号	含　义
*	星号	<	左三角符	h	六星符
·	实心圆	>	右三角符		
×	叉符	p	五星符		

【例 3-4】　综合曲线色彩、线型和数据点型示例。

解：对于例 3-2，程序修改如下所示，绘制曲线如图 3-9 所示。

```
x = 0:0.05:5;
y = sin(x.^2);
m = x - 0.25;
n = y - 0.5;
z = cos(m);
w = sin(n);
plot(x,y,':r',m,n,'-.g',z,w,'--b')          %设置线型和颜色
```

若加上数据点的设置，绘图语句可修改如下，绘制曲线如图 3-10 所示。

```
plot(x,y,'rp',m,n,'*g',z,w,'ob')     %设置线型、颜色和点型
```

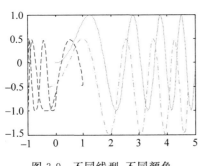

图 3-9　不同线型、不同颜色

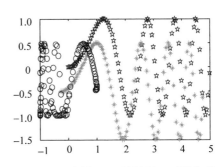

图 3-10　不同线型、不同颜色、不同点型

注意：线型和点型的区别，前者表示曲线的形状，后者表示数据点的形状。所以在实际工程中，如果想观察数据点的具体位置，可以在语句中设置数据点型参数。

【例 3-5】　hold on 用法（如图 3-11 所示）。

解：程序代码如下：

```
t = 0:pi/20:2*pi;            %设置 t 的变化范围
y = sin(t);
y1 = sin(t - 0.25);
y2 = sin(t - 0.5);
y3 = sin(t - 0.75);
hold on                      %表示连续绘制图形
plot(t,y)                    %使用默认曲线色彩和线型,没有点型
plot(t,y1,':k')              %定义曲线色彩为黑色、线型为虚线,没有定义点型
plot(t,y2,'om')             %定义曲线色彩为品红色、点型为空心圆
plot(t,y3,'-.gp')           %定义曲线色彩为绿色、点型为五星符,相连的线为点画线
hold off                     %表示结束绘制图形
```

【例3-6】　绘制曲线及其包络线。

解：在编辑器中输入程序：

```
t = [0:pi/100:pi]';
y1 = sin(t) * [ − 1,1];          % 绘制包络线
y2 = sin(t). * sin(7 * t);
plot(t,y1,t,y2)
grid on
```

程序执行结果如图3-12所示。

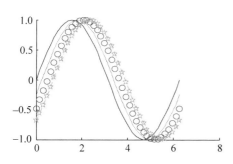

图3-11　曲线色彩、线型和数据点型示例

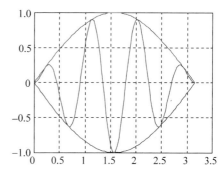

图3-12　含有包络线的曲线

3.1.3　窗口控制

（1）figure 创建一个默认参数的新窗口对象。

（2）subplot 函数创建和控制多坐标轴，调用格式如下：

```
subplot(m,n,p)
```

参数说明：

subplot(m,n,p)表示把当前窗口对象分成 m×n 块矩形区域并在第 p 块区创建一个新的坐标轴。

例如：subplot(2,2,1)表示把窗口分割为2行2列，并将 subplot(2,2,1)函数命令后面语句描述的内容绘制在第1个区域内，如图3-13所示。

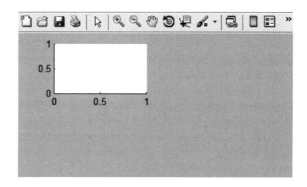

图3-13　subplot(2,2,1)分割图

又如，subplot(2,3,1:2)表示把窗口分割为 2 行 3 列，将 subplot(2,3,1:2)函数命令之后语句描述的内容绘制在第 1 个和第 2 个区域内，如图 3-14 所示的第 1 个坐标轴。

注意：subplot(2,3,4:6)也可写成 subplot(2,3,[4 5 6])，如图 3-14 所示的第 2 个坐标轴。

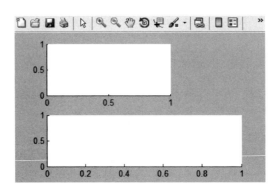

图 3-14 subplot(2,3,1:2)与 subplot(2,3,4:6)分割图

【**例 3-7**】 窗口分割示例（如图 3-15 所示）。

解：程序代码如下：

```
figure                    % 打开一个新窗口
subplot(2,3,1:2)          % 把窗口分割成 2 行 3 列大小的窗口，将在第 1 个和第 2 个区域内绘图
t = 0:0.01:1;
y1 = sin(t * 2 * pi). * cos(t * pi);
plot(t,y1);
subplot(233)              % 等价于 subplot(2,3,3)
y2 = log(t + 1);
plot(t,y2);
subplot(2,3,[4 5 6])
alpha = 5.5;
y3 = exp( - alpha * t). * sin(0.5 * t);
plot(t,y3);
```

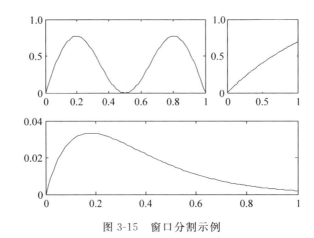

图 3-15 窗口分割示例

3.1.4　坐标轴控制命令

在默认情况下,MATLAB 图形坐标轴的状态为:轴的比例控制为"自动(auto)",坐标轴为"显示(on)",采用的坐标比例为"直角(xy)"。在这种状态下,用户不需要对图形坐标进行任何干预,坐标刻度范围将根据绘图函数中矢量和矩阵元素值的范围自动确定,这种默认状态给绘图带来很大方便。

但是,实际工程中需要绘制的图形是多种多样的,统一的坐标模式不可能总是最有效地表现出所绘图形的特征。因此,MATLAB 设计了控制坐标状态的 axis 函数,axis 函数的调用格式为:

- axis([xmin ,xmax ,ymin ,ymax]),指定二维图形 x 轴和 y 轴的刻度范围;
- axis auto,设置坐标轴为自动刻度(默认值)。

二维图形的坐标轴范围在默认状态下是根据数据的大小自动设置的。如果需要改变坐标范围,可以通过调用函数 axis([xmin ,xmax ,ymin ,ymax])实现,其中由 4 个参数组成的矢量分别表示 x 轴的最小值和最大值以及 y 轴的最小值和最大值。

【例 3-8】　对比坐标轴范围对图形表现的影响。生成数据点,分别按自动坐标轴范围和指定坐标轴范围绘制曲线(如图 3-16 所示)。

解:程序如下:

```
x = 0:0.01:pi/2;
subplot(1,2,1)
plot(x,tan(x),'-r*')          % 自动坐标轴范围
subplot(1,2,2)
plot(x,tan(x),'-r*')
axis([0,pi/2,0,5])            % 指定坐标轴范围
```

用 axis 函数设定坐标轴范围时要注意,任何一个坐标轴的最小值都必须小于其最大值。

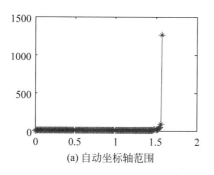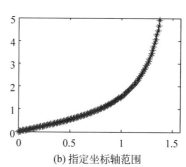

图 3-16　坐标轴范围对图形表现的影响

3.1.5　图形标注

一个好的图形必须有适当的标注,MATLAB 提供了一系列方便的图形标注函数,这些函数包括:

- title：图形标题；
- xlabel：x 轴标识；
- ylabel：y 轴标识；
- zlabel：z 轴标识；
- text：任意位置加注文本；
- legend：标注图例。

MATLAB 图形标注使用的文字可以是字母和数字，也可以是汉字。按照规定的方法可表示希腊字母、数学符号和变形体，例如\pi 表示 π，\leq 表示≤，\it 表示斜体字等。本节只介绍函数的输入方法。另外，在图形菜单上，直接单击 Insert，在显示的菜单中，直接根据需要选择标注的方法更简单、更方便快捷。

1. 加注坐标轴标识和图形标题

xlabel、ylabel 和 zlabel 函数用于在当前坐标轴上加注 x 轴、y 轴和 z 轴的标识。title 函数用于在当前图形窗口上加标题。这 4 个函数最简单的调用形式是给定一个字符串格式的输入参数，如 xlabel('时间(t)')表示在 x 轴上标注"时间(t)"，title('电压信号')表示将"电压信号"标注为图形的标题，它们的位置自动设定。

【例 3-9】 生成数据点，绘制曲线，在图形中加坐标轴标识和标题（如图 3-17 和图 3-18 所示）。

解：程序如下：

```
t = 0:pi/100:2 * pi;
y = sin(t);
plot(t,y)
axis([0 2 * pi − 1 1])
xlabel('0\leq\itt\rm\leq\leq2\rmpi)
ylabel('sin(t)')
title('正弦函数图形')
```

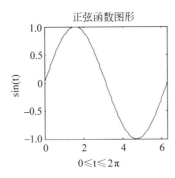
图 3-17 加注轴标识和标题

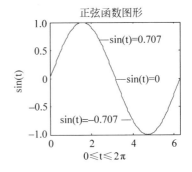
图 3-18 在图形中加注文本

在 xlabel 语句中，\pi 表示希腊字母 π，\leq 表示≤，\it 表示后面的字为斜体字，\rm 表示后面的字恢复为正体字。

如：

$$0 \leqslant t \leqslant \pi \qquad\qquad 0\leq \itt \leq \rmpi$$
$$0 \leqslant t \leqslant 2 \qquad\qquad 0\leq \itt \leq2$$

2. 指定 TeX 字符

MATLAB 中的文本对象支持 TeX 字符。使用 TeX 字符可以在文本中使用各种特殊的字体和符号,如 alpha、beta。

【例 3-10】 在图形标注中使用指定的 TeX 字符标注坐标和题注,如图 3-19 所示。

解:程序如下:

```
t = 0:pi/100:2 * pi;
alpha = - 0.8;
beta = 15;
y = sin(beta * t). * exp(alpha * t);
plot(t,y)
title('{\itA}e^{ - \alpha \itt}sin(\beta\itt), \alpha <<\beta')
xlabel('时间\musec.')
ylabel('赋值')
```

注意:可取消语句 title、xlabel 和 ylabel,直接在图形菜单的 insert 中选择标注坐标和题目。

在图形的 title 标注里面直接输入{\itA}e^{—\alpha \itt}sin(\beta\itt),\alpha <<\beta,图形的标题处将会显示为 Ae^{−αt}sin(βt),α≪β,如图 3-19 所示。

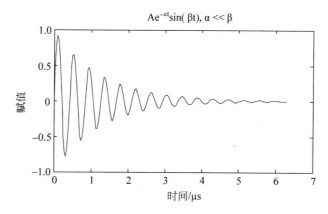

图 3-19　图形标注中使用指定的 TeX 字符

3.2　三维图形

3.2.1　三维 plot3 绘图函数

三维图形可以用 plot3 函数绘制。该函数与 plot 函数类似,但是 plot3 函数需要 3 个向量或矩阵参数。与 plot 函数一样,线型和颜色可以用一个字符串来确定,如表 3-2 和表 3-3 所列。plot3 函数的调用格式如下:

```
plot3(X1,Y1,Z1,...)
plot3(X1,Y1,Z1,LineSpec,...)
```

LineSpec 参数设定线型、色彩、数据点型等参数,和定义 plot 函数一样。

【例 3-11】　plot3 函数绘制三维线图（如图 3-20 所示）。

解：程序如下：

```
t = (0:0.01:5) * pi;
x = sin(t);
y = cos(t);
z = cos(3 * t);
plot3(x, y, z, 'b * ')
```

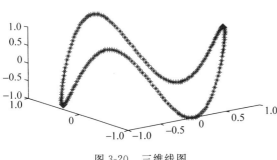

图 3-20　三维线图

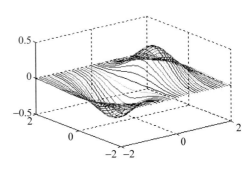

图 3-21　三维曲面图形

3.2.2　三维曲面网线绘图

在 MATLAB 中，绘制三维图形之前常需要 meshgrid 函数产生数据。meshgrid 函数调用格式如下：

[X,Y]＝meshgrid(x,y)把由 x 和 y 向量定义的区域转换成 X 和 Y 数组，输出数组 X 为 x-y 平面上矩形定义域的分割点横坐标值，输出数组 Y 为 x-y 平面上纵坐标值。

mesh(X,Y,Z)：以(X,Y,Z)作为 x、y、z 轴的自变量，画网格图。

mesh(Z)：Z 为矩阵列，x、y 轴作为自变量，画网格图。

mesh(…,'PropertyName',PropertyValue,…)：其中'PropertyName'和'PropertyValue' 定义图形属性。

surf 曲面函数和 mesh 函数的调用格式一致，要求 x 和 y 是大小相同的数组，z 是以(x, y)为自变量的矩阵。

注意：

（1）meshgrid 函数产生数据，不绘制图，其调用格式为[X,Y]＝meshgrid(x,y)。

（2）mesh、surf 和 plot3 功能一样，都是绘制三维图。

【例 3-12】　绘制三维曲面图（如图 3-21 所示）。

解：程序如下：

```
x = - 2:0.1:2;
y = x;
[X,Y] = meshgrid(x,y);      % 把[ - 2:0.1:2]分割点作为 X,Y 的数据点
Z = X. * exp( - X.^2 - Y.^2);
plot3(X,Y,Z)
grid on
```

【例 3-13】　三维绘图函数 mesh、surf 和 plot3 比较（如图 3-22 所示）。

解：程序如下：

```
[x,y] = meshgrid( - 3:0.125:3);
z = peaks(x,y);    % 产生与 x,y 大小相同的数组
subplot(311)
mesh(x,y,z);

subplot(312)
surf(x,y,z)

subplot(313)
plot3(x,y,z)
grid on
```

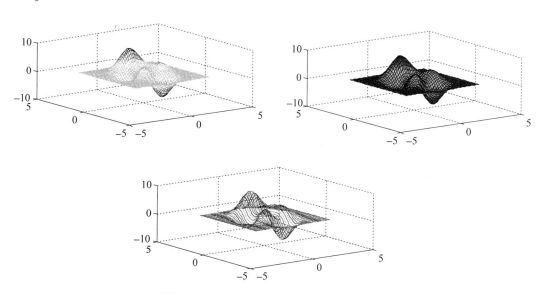

图 3-22 mesh、surf 和 plot3 绘制的三维图

注意：

• 对于同一组三维数据，用不同的三维绘图命令所绘制的图是不同的，在实际工程应用中，可根据需要选择不同的绘图命令。

• 观察如下程序，绘制出的曲线如图 3-23 所示。

```
x = - 2:0.1:2;
y = - 2:0.1:2;
z = x.^2 + y.^2;
plot3(x,y,z)
```

图 3-23 plot3 绘制的三维图

而 mesh、surf 都出现错误提示如下：

```
mesh(x,y,z)
>> mesh(x,y,z)
??? Error using == > mesh at 80
```

z must be a matrix, not a scalar or vector.

```
surf(x,y,z)
>> surf(x,y,z)
??? Error using ==> surf at 78
z   must be a matrix, not a scalar or vector.
```

所以,需要注意的是 surf 和 mesh 绘图命令要求 z 是以(x,y)为自变量的矩阵。将上面程序改成如下,绘制的曲线如图 3-24 所示。

```
x = -2:0.1:2;
y = -2:0.1:2;
z = meshgrid(x.^2 + y.^2);    % 产生以 x,y 为自变量的二维数组
subplot (121)
mesh(x,y,z)
subplot (122)
surf(x,y,z)
```

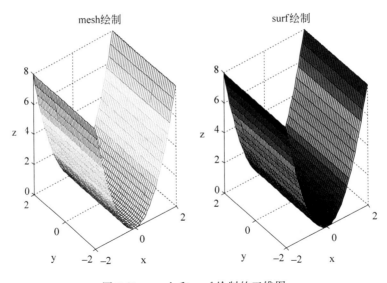

图 3-24　mesh 和 surf 绘制的三维图

3.2.3　切片图

对于定义在表面、柱面和球面上的三元函数都可以借助色彩来实现四维表现。下面介绍定义在 x-y-z 坐标上的四维可视化函数 slice。可实现三元函数 $v = f(x,y,z)$ 的可视化表现。

其调用格式为

```
slice(X,Y,Z,v,xi,yi,zi)
```

其中,X、Y、Z 为使用 meshgrid 函数生成的三维网格坐标矩阵,v 为所绘制图形的函数,xi,yi,zi 为切片位置。

【例 3-14】 生成数据点,绘制 $v = x\mathrm{e}^{-(x^2+y^2+z^2)}$ 的四维切片图(如图 3-25 所示)。

解:程序如下:

```matlab
x = -2:0.1:2;
y = -2:0.25:2;
z = -2:0.25:2;
[X,Y,Z] = meshgrid(x,y,z);          %产生三维数据
V = X.*exp(-X.^2-Y.^2-Z.^2);
xi = [-0.7,0.7];                     %x轴上设2个切片
yi = 0.5;
zi = -0.5;
slice(X,Y,Z,V,xi,yi,zi);
```

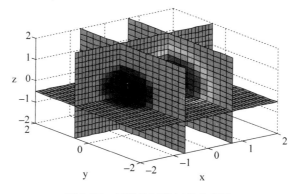

图 3-25 函数的四维切片表现图

习题 3

3-1 绘制曲线 $y = x^3 + x^2 + x + 1$,x 的取值范围为 $[-5,5]$。

3-2 有一组测试数据满足 $y = \mathrm{e}^{-at}$,t 的变化范围为 $[0,10]$,用不同的线型和标记点画出 $a = 0.1$、$a = 0.2$、$a = 0.5$ 三种情况下的曲线。

3-3 在题 3-2 结果中添加标题 $y = \mathrm{e}^{-at}$,用箭头标识出曲线 a 的取值并添加图例。

3-4 有 $[5,6,8,0,2,3,7,4,1,2]$ 共 10 个数据,编制程序画出数据点变化的曲线,要求标出图中 X 轴、Y 轴标识。

3-5 正弦信号为 $\sin(100\pi t)$,噪声为 $0.5\mathrm{randn}(\mathrm{size}(t))$,分别绘制信号、噪声和叠加后的 3 条曲线,要求在同一坐标里。

第4章
CHAPTER 4

符号运算及绘图

符号运算通过集成在 MATLAB 中的符号数学工具箱（Symbolic Math Toolbox）实现。该工具箱使用符号对象或字符串进行符号分析和计算，其结果是符号函数或解析形式，符合人们习惯的表达形式。因此，MATLAB 符号数学工具箱与其他工具箱的最大区别是它使用字符串进行符号分析，而不是基于数组的数值分析。在学习符号运算之前，先了解几个概念。

- 符号表达式：代表数字、函数和变量的 MATLAB 字符串或字符串数组。符号运算的最大优点是不要求变量有预先确定的值，MATLAB 在内部已经把符号表达式表示成字符串，以便与数字变量运算相区别。
- 符号方程式：含有等号的符号表达式。
- 符号运算：使用已知的规则和给定符号恒等式求解这些符号方程的过程，它与代数和微积分所学到的求解方法完全一样。

MATLAB 符号数学工具箱提供两个基本函数用来创建符号变量 sym 和 syms。

- sym：定义单个符号变量；
- syms：一次定义多个符号变量。

4.1 符号运算

本节主要介绍线性代数方程和非线性方程的求解函数，常用的函数命令是 solve，其调用格式如下：

x＝solve(eq)：求解 eq＝0 的代数方程，其中 eq 是符号表达式或字符串；

x＝solve(eq1,eq2,eq3,…)：求解 eq1,eq2,eq3,…组成的代数方程组。

【例 4-1】 求线性代数方程 $\begin{cases} x+y+z=10 \\ 3x+2y+z=14 \\ 2x+3y-z=1 \end{cases}$ 的解。

解：求解程序如下：

```
syms x y z                        % 定义 3 个符号变量 x、y、z
f1 = 'x + y + z = 10';
f2 = '3 * x + 2 * y + z = 14';
f3 = '2 * x + 3 * y - z = 1';
[x, y, z] = solve(f1, f2, f3)     % 求解 3 个方程
```

程序运行结果如下：

```
x =
1
y =
2
z =
7
```

【例 4-2】 求解含有参数的非线性方程组 $\begin{cases} a+b+x=y \\ 2ax-by=-1 \\ (a+b)^2=x+y \\ ay+bx=4 \end{cases}$ 的解。

解：求解程序如下：

```
syms a b x y
s1 = 'a + b + x = y';
s2 = '2 * a * x - b * y = - 1';
s3 = '(a + b)^2 = x + y';
s4 = 'a * y + b * x = 4';
[a,b,x,y] = solve(s1,s2,s3,s4);
a = double(a),b = double(b),x = double(x),y = double(y)    % double 表示 a、b、x、y 结果为双精度
a =
   1.0000
   23.6037
   0.2537 - 0.4247i
   0.2537 + 0.4247i
b =
   1.0000
   - 23.4337
   - 1.0054 - 1.4075i
   - 1.0054 + 1.4075i
x =
   1.0000
   - 0.0705
   - 1.0203 + 2.2934i
   - 1.0203 - 2.2934i
y =
   3.0000
   0.0994
   - 1.7719 + 0.4611i
   - 1.7719 - 0.4611i
```

4.2　符号数学的简易绘图

　　MATLAB 提供了一系列符号简易绘图命令。符号简易绘图是指在定义变量为符号的前提下，编制简易绘图程序进行图形绘制，图形的坐标轴范围根据图形特点自动生成。其绘图功能与普通绘图命令（例如 plot）比较，前者更加简单。

4.2.1　二维符号数学简易绘图

简易绘图命令常用的是 ezplot，前两个字母 ez 的含义是 easy to，表示简易命令的意思。特点是可以直接画出字符串函数或符号函数的曲线，即不需要用户对函数自变量进行赋值。而常用的二维画图命令 plot 在画图之前，必须对所有变量进行赋值。

ezplot 的调用格式为

ezplot(f)：绘制表达式 f 的二维图形，坐标轴取值范围自动生成；

ezplot(f，[xmin，xmax])：绘制表达式 f 的二维图形，坐标轴取值范围为[xmin，xmax]。

【例 4-3】　绘制表达式 $5e^{-2x}(3\sin x - \cos 7x)$ 的图形（如图 4-1 所示）。

解：绘制图形程序如下：

```
syms x y
y = (5 * exp( - 2 * x)) * (3 * sin(x) - cos(7 * x));
ezplot(y)
grid
```

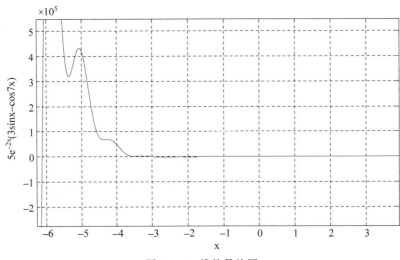

图 4-1　二维简易绘图

注意：在程序运行产生的图中，单击菜单中 Insert 里的 Title，在框中输入 $5e^{-2x}(3\sin x - \cos 7x)$，则显示图 4-1 中的标题。

【例 4-4】　绘制正态分布概率密度函数 $\dfrac{e^{-\frac{x^2}{2}}}{\sqrt{2\pi}}$ 的函数曲线（如图 4-2 所示）。

解：绘制图形程序如下：

```
syms x
ezplot('exp( - (x^2/2))/sqrt(2 * pi)',[ - 4,4])        % 定义了坐标轴取值范围[ - 4,4]
grid
```

4.2.2　三维符号数学简易绘图

ezplot3(x, y, z)：绘制 x＝x(t)，y＝y(t)，z＝z(t) 定义的三维曲线；

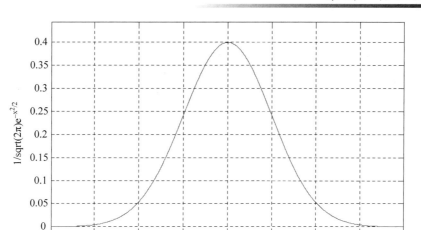

图 4-2　二维简易绘图

ezplot3(x, y, z, [tmin, tmax])：绘制 x＝x(t), y＝y(t), z＝z(t)定义的三维曲线, 自变量 t 的变化范围是[tmin, tmax]。

【例 4-5】　根据表达式 $x＝3\sin(t)$, $y＝5\cos(t)$, $z＝4t$, 绘制三维曲线(如图 4-3 和图 4-4 所示)。

解：绘制图形程序如下：

```
syms t
figure(1)
ezplot3(3 * sin(t),5 * cos(t),4 * t,[0,6 * pi])
figure(2)
ezplot3(3 * sin(t),5 * cos(t),0.8 * t,[0,6 * pi],'animate')   % 'animate' 表示生成动画演示
```

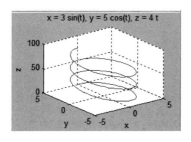

图 4-3　三维简易绘图

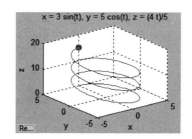

图 4-4　具有动画放映的三维简易绘图

习题 4

4-1　用符号方法求解非线性方程组 $\begin{cases} x^2－2xy＋y^2＝3 \\ x^2－4x＋3＝0 \end{cases}$ 的数值解。

4-2　用 ezplot 符号简易绘图法绘制表达式 $5e^{-x}(\sin x－\cos x)$ 的二维图形。

4-3　用 ezmesh 命令绘制 $z＝x^3＋y^3$ 的三维网格图, 其中 x 和 y 的范围是[－5,5]。

第 5 章

CHAPTER 5

M 文件程序设计

MATLAB 作为一种高级语言,不但可以以命令行的方式完成操作,还可以像多数高级编程语言一样具有控制流、输入、输出和面向对象编程的能力,适用于各种应用程序设计。与其他高级语言相比,MATLAB 语言具有语法简单、使用方便和调试容易等优点。

5.1　M 文件

5.1.1　M 文件的建立与编辑

M 文件是由 MATLAB 命令或函数构成的文本文件,以.m 为扩展名,故称为 M 文件。

M 文件是一个文本文件,它可以用任何编辑器来建立和编辑,常用且最为方便的是使用 MATLAB 提供的文本编辑器。

1. 建立新的 M 文件

为建立新的 M 文件,常用两种方法启动 MATLAB 文本编辑器。

(1) 菜单操作。

执行 File→New→blank M-file 菜单命令,会弹出 Editor-Untitled 窗口(如图 5-1 所示)。Editor-Untitled 是一个集编辑与调试两种功能于一体的工具环境。利用它不仅可以完成基本的文本编辑操作,还可以对 M 文件进行调试。

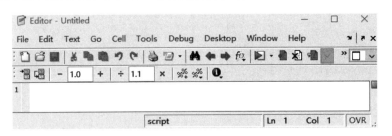

图 5-1　M 文件编辑器窗口

启动 MATLAB 文本编辑器后,在文档窗口中输入 M 文件的内容,输入完毕后,选择 File→Save 或 Save As 命令存盘。注意,M 文件存放的位置一般是 MATLAB 默认的用户工作目录"\matalb\work",当然也可以存到其他的目录。如果是其他的目录,则应该将该目录设定为当前目录或将其加到搜索路径中。

（2）命令按钮操作

单击 MATLAB 命令窗口工具栏上的新建命令按钮，启动 MATLAB 文本编辑器后，输入要编制的文件程序并存盘，此方法简单快捷。

M 文件有两种形式：命令文件（Script）和函数文件（Function）。

命令文件是命令和函数的组合，执行命令文件不需要输入参数，也没有输出参数。MATLAB 自动按顺序执行命令文件中的函数命令，命令文件的变量保存在工作空间中。

函数文件是以 Function 语句为引导的 M 文件，可以接收输入参数和返回输出参数，在默认情况下，函数文件的内部变量是临时的局部变量；函数运行结束后，这些局部变量被释放，不再占用内存空间。用户可以根据自己的需要编制函数文件以扩充已有的 MATLAB 功能。可以理解为命令文件相当于主程序，函数文件相当于子程序。子程序与主程序之间的数据是通过参数进行传递的，子程序应用主程序传递过来的参数进行计算之后，将结果返回主程序。

两种形式的 M 文件比较如表 5-1 所示。

表 5-1　命令文件与函数文件比较

	命令文件	函数文件
形式	为一系列命令和函数语句的组合，不需要任何说明和定义	文件中的第一行用 function 说明，然后再编写函数内容
参数	没有输入参数，也不用返回参数	接收输入参数，也可以返回参数
数据	处理的变量为工作空间变量	处理的变量为函数内部的局部变量，也可以处理全局变量
应用	自动完成一系列命令和函数，并可以多次运行。作为普通的运行程序，便于调试和修改	常用于需要反复调用并不断改变参数的场合，可用于扩充 MATLAB 函数库和一些特殊的应用
运行形式	在命令窗口中或编辑器内可直接运行	需要由其他语句调用

5.1.2　命令文件

命令文件没有输入输出参数，是最简单的 M 文件。

新建编辑器，在里面输入如下程序：

```
x = 1:100;
plot(x)
```

然后保存文件，如命名 ncy，可直接单击菜单中运行键 run，则可观察到运行结果。命令文件可调用工作空间中已有的变量或创建新的变量。命令文件运行结束后，所有变量仍然保存在工作空间中，直到被清除（clear）为止。

【例 5-1】　绘制曲线（如图 5-2 所示）。

解：只要给定自变量数值范围，写出变量的相关表达式，即可绘制出曲线。程序如下：

```
t = 0:0.1:50;
x = cos(t) + t. * sin(t);
y = sin(t) – t. * cos(t);
plot(x,y)
```

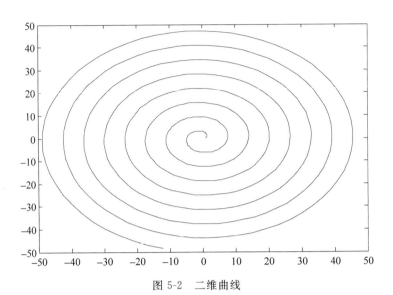

图 5-2　二维曲线

5.1.3　函数文件

函数文件的第一句以 function 开始。每一个函数文件定义一个函数。实际上，MATLAB 提供的函数命令大部分都是由函数文件定义的，这足以说明函数文件的重要性。从使用角度看，函数文件是一个"黑箱"，把一些数据送进去，经加工处理，把结果再送出来。从形式上看，函数文件区别于命令文件在于命令文件的变量在文件执行完成后保留在工作空间中，而函数文件内定义的变量只在函数文件内部起作用，当函数文件执行完后，这些内部变量将被清除。

通常，函数文件由以下基本部分组成。

（1）函数定义行

function 是函数定义的关键字。另外，当函数具有多个输出变量时，则以方括号括起；当函数具有多个输入变量时，则直接用圆括号括起来，例如：

```
function [w,y] = result(m,n)      % result 是函数文件名
```

（2）函数体

指由 MATLAB 命令语句提供的函数和用户自己设计的函数共同构成的语句实体，也是输入和输出之间的关系表达式。

（3）注释

注释行由"%"开始，可以出现在程序中的任意位置，目的是增强程序的可读性，方便程序的调试。

【例 5-2】　建立函数文件，计算矢量中元素的平均值。

解：在新建编辑器中输入如下程序：

```
function y = average(x)
% AVERAGE Mean of vector elements.
% AVERAGE(X),where X is a vector, is the mean of vector elements.
% Non - vector input results in an error.
```

```
[m,n] = size(x);
if (~((m == 1) | (n == 1)) | (m == 1 & n == 1))
    error('Input must be a vector')
end
y = sum(x)/length(x);        % Actual computation
```

将上面的程序保存在名为 average. m 的文件中。可在命令窗口编制生成矢量的语句，并调用 average 函数：

```
>> z = 1:99;                % 生成 100 个数
>> average(z)
ans =
    50
```

从形式上看：函数文件内定义的变量 x 与 y 只在函数文件内部起作用。而命令文件中的变量在文件执行完成后仍然保留在工作空间中。

本例中，注意观察下面两种在命令窗口中调用函数文件的输入格式，如果不对的话，会出现如下错误显示。

```
>> k = [1 2;5 6];
>> average(k)
Error using average (line 4)
input must be a vector

>> k = [9];
>> average(k)
Error using average (line 4)
input must be a vector
```

可见，都显示错误提示，这就是本例中下面语句所起的作用。

```
[m,n] = size(x);
if (~((m == 1) | (n == 1)) | (m == 1 & n == 1))
    error('Input must be a vector')
```

【例 5-3】 编写函数文件，求半径为 r 的圆面积和周长。

解：首先新建编辑器文件，注意函数文件一定要在编辑器里编写，函数文件内容如下：

```
% 输入变量 r 为圆半径、输出变量 s 和 p 分别代表圆面积和圆周长
function [s,p] = fc(r)       % fc 为函数文件名
s = pi * r * r;
p = 2 * pi * r;              % 此语句应有分号，否则在命令窗口调用该函数时会出现多个 p 值
```

将以上函数文件保存，以文件名 fc. m 存入 MATLAB 默认路径下，然后在命令窗口中调用此函数：

```
>> [mianji,zhouchang] = fc(6)       % 调用函数文件 fc
```

运行结果如下：

```
mianji =
   113.0973
zhouchang =
    37.6991
```

注意：[mianji,zhouchang]中两个输出的变量名字是随意设置的,不一定设置为 mianji 和 zhouchang。fc(6)中的 6 是随意输入的半径值。

5.2　程序流程控制

在 MATLAB 中,除了按正常顺序执行程序中的命令和函数以外,还提供了 8 种控制程序流程的语句,即 for、while、if、switch、try、continue、break、return。本节中只介绍 for、while 和 if 的用法。

5.2.1　循环控制语句

在实际工程中会遇到许多有规律的重复运算,因此在程序设计中需要将某些语句重复执行。被重复执行的语句称为循环体,每循环一次,都必须做出是否继续重复的决定,这个决定所依据的条件称为循环的终止条件。MATLAB 提供了两种循环方式：for-end 循环和 while-end 循环。for 循环和 while 循环的区别在于,for 循环结构中循环体的执行次数是确定的,而 while 循环结构中循环体执行的次数是不确定的。

1. for 循环

for 语句为计数循环语句,for 循环允许一组命令以固定的和预定的次数重复,也就是说,已知循环次数情况下,采用 for 循环。for 循环的一般形式为

```
for v = 表达式
语句体
end
```

MATLAB 的 for 循环与其他计算机语言一样,for 和 end 必须配对使用。

【例 5-4】 极坐标绘制花瓣图可用 for 循环语句完成(如图 5-3 所示)。

解：程序代码如下：

```
theta = - pi:0.01:pi;
rho(1,:) = 2 * sin(5 * theta).^2;
rho(2,:) = cos(10 * theta).^3;
rho(3,:) = sin(theta).^2;
rho(4,:) = 5 * cos(3.5 * theta).^3;
for k = 1:4                          % 循环 4 次
    subplot(2,2,k)
    polar(theta,rho(k,:))            % 绘制极坐标图
end
```

若不用循环语句,则反复用 subplot 函数也可完成,其程序如下：

```
theta = - pi:0.01:pi;
rho(1,:) = 2 * sin(5 * theta).^2;
rho(2,:) = cos(10 * theta).^3;
rho(3,:) = sin(theta).^2;
rho(4,:) = 5 * cos(3.5 * theta).^3;
subplot(2,2,1)    polar(theta,rho(1,:)) % 绘制极坐标图
subplot(2,2,2)    polar(theta,rho(2,:))
subplot(2,2,3)    polar(theta,rho(3,:))
subplot(2,2,4)    polar(theta,rho(4,:))
```

同样可以绘制出花瓣图形,如图 5-3 所示。

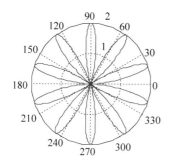 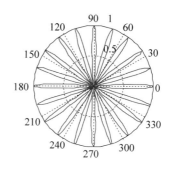

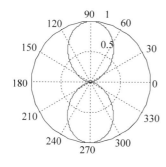 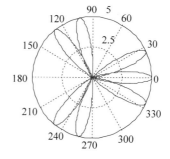

图 5-3 花瓣图

【例 5-5】 简单的 for 循环示例。在新建编辑器中输入下列命令,运行 for 循环。

解:程序代码如下:

```
>> for n = 1:8
        x(n) = sin(n * pi/10);
    end
```

在命令窗口输入 x,即

```
>> x      % 输入 x,然后按 Enter 键
x =
    0.3090    0.5878    0.8090    0.9511    1.0000    0.9511    0.8090    0.5878
```

说明:设置 n,n 从 1 到 8,求所有语句的值,直至下一个 end 语句。第 1 次通过 for 循环 n=1;第 2 次,n=2,如此继续,直至 n=8。在 n=8 以后,for 循环结束,然后运行 end 语句后面的命令。此例结果显示所计算的 x 元素值。

【例 5-6】 for 循环可以嵌套,在嵌套中每一个 for 都必须与 end 相匹配,否则循环将出错。

解:程序代码如下:

```
for n = 3:6
    for m = 7: - 1:4
    x(n,m) = n ^ 2 + m ^ 2;          % x(n,m)表示 n 行 m 列矩阵
    end
  disp(n)                            % 显示 n 值
end
```

按 Enter 键,则出现

```
3
4
5
6
```

```
>> x                                    % 输入 x,按 Enter 键则出现
```

```
x =
      0      0     10     17     26     37     50
      0      0     13     20     29     40     53
      0      0     18     25     34     45     58
      0      0     25     32     41     52     65
      0      0     34     41     50     61     74
      0      0      0     52     61     72     85
```

例 5-6 中,n 最大为 6,m 最大为 7,所以产生的矩阵为 6 行 7 列,空项自动补 0。

2. while 循环

while 语句是条件循环语句,while 循环以不定的次数求一组语句的值,直到循环条件不成立为止,即只要在表达式里的所有元素为真,就执行 while 和 end 语句之间的语句。while 循环的一般形式是:

```
while 表达式
    语句体
    end
```

while 和 end 必须配对使用。

【例 5-7】 利用 while 循环,求解使 n!达到 100 位数的第一个 n 是多少。

解：在新建编辑器中输入下列程序代码,求解 n:

```
n = 1;
while prod(1:n)< 1e100        % 阶乘小于 100 位的第一个数
n = n + 1;
end
```

保存程序,单击 run 运行,然后在命令窗口输入 n,即

```
>> n
n =
    70
```

【例 5-8】 计算从 1 开始,多少个自然数的和大于 200。

解：在新建编辑器中输入下列程序代码:

```
s = 0;
m = 0;
while s < = 200
m = m + 1;
s = s + m;
end
```

保存程序,单击"运行"按钮,然后在命令窗口输入 s,m,即

```
>> s,m
s =
   210
m =
   20
```

5.2.2　条件控制语句

在复杂的运算中常常需要判断是否满足某些条件,以选择下一步的方法和策略。一般使用条件语句完成这类判断和选择。

1. if-end 语句

if-end 语句是最简单的条件语句,其一般形式为

```
if 表达式
    语句体
end
```

关键字 if 后的表达式确定了判断条件。如果表达式满足条件,则执行 if 和 end 之间的所有语句,否则跳出 if 结构,执行 end 后面的语句。

2. if-else-end 语句

if-else-end 语句在 if 和 end 之间增加一个 else 选择,语句的一般形式为

```
if 表达式
    语句体 1;
else
    语句体 2;
end
```

当表达式的值为真时,执行语句体 1,否则执行语句体 2。

3. if-elseif-end 语句

在 else 子句中也可嵌套 if 语句,构成 elseif 结构,elseif 结构实际上实现了多重条件选择,其一般形式为

```
if 表达式 1
语句体 1;
elseif 表达式 2
语句体 2;
else
语句体 3;
end
```

在这种结构中,首先计算表达式 1,如果条件满足执行语句体 1,然后跳出 if 结构,如果不满足表达式 1 的条件,再计算表达式 2,如果表达式 2 的条件满足,则执行语句体 2,然后跳出 if 结构,如果前面的表达式都不满足,就执行语句体 3。

根据程序设计的需要可以使用多个 elseif 语句,也可以省略 else 语句。

【例 5-9】 利用色彩及标记区分数据点的范围（如图 5-4 所示）。

解：在编辑器中编制下列程序，并绘图。

```
n = 100;
x = 1:n;
y = randn(1,n);              % 创建 100 个数据的随机行矢量
hold on
for i = 1:n
if y(i)< -1
     plot(x(i),y(i),'*g')    % 小于 -1 的点用绿色的 * 标出
elseif y(i)>= -1 & y(i)<= 1
     plot(x(i),y(i),'ob')    % -1～1 的点用蓝色的 o 标出
else y(i)>1
     plot(x(i),y(i),'xr')    % 大于 1 的点用红色的 x 标出
     end
end
hold off
```

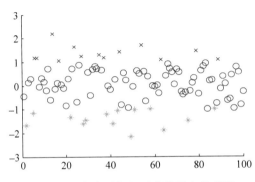

图 5-4　用色彩及标记区分数据点的范围

习题 5

5-1　命令文件与函数文件的主要区别是什么？

5-2　编制函数功能文件 $y = x^2 + \cos(x)$；在命令窗口随意设置自变量，调用该函数文件，求运行结果。

5-3　编制函数文件实现直角坐标(x,y)与极坐标(ρ,θ)之间的转换。已知极坐标的矢径 $\rho = \sqrt{x^2 + y^2}$，极坐标的极角 $\theta = \arctan\left(\dfrac{y}{x}\right)$。

PART TWO

第 2 篇

Simulink 动态系统仿真技术

Simulink 软件作为高性能的动态系统建模与仿真平台，能够很容易地构建出比较复杂的模型，在各领域中得到广泛的应用，但是 MATLAB/Simulink 在界面开发、数据输入，尤其是硬件接口控制方面不太方便。特别是硬件在回路仿真时，需要和控制器、控制对象或其他实际硬件进行接口构成闭环回路，形成一个实时仿真系统。一些仿真平台开发了专门的接口用于编译、解释或运行 Simulink，使仿真代码在特定硬件中实现或连接，如 NI 公司(美国国家仪器公司)提供的基于虚拟仪器的实时仿真方案(见本书第 4 篇内容)。

第 6 章

Simulink 仿真基础

系统仿真是近 30 年发展起来的一门新兴技术学科,它涉及多种专业理论与技术,如系统分析、控制理论、信号处理、图像处理和计算方法等。当在实际系统上进行试验、研究比较困难或者无法实现时,仿真技术就成了必不可少的工具。仿真技术在科学研究、教育训练和工程实践等方面都发挥着重大作用。

所谓的系统仿真就是进行模型实验,通过系统模型实验去研究一个已经存在的或者正在设计的系统的过程。它不是对运行的简单再现,而是按照研究的侧重点对系统进行提炼,以便于研究者抓住问题的本质。这种建立在模型系统上的实验技术就是仿真技术或模拟技术。

系统仿真的研究重点在于仿真环节,目前仿真软件很多,而 MATLAB 提供的动态仿真工具 Simulink 应用比较多,它提供了强大的功能,具有很好的实用性。

Simulink 是 MathWorks 公司推出的动态系统建模与仿真平台,已经在各领域中得到广泛的应用。Simulink 是 MATLAB 的重要组成部分,它提供一个动态系统建模、仿真和综合分析的集成环境。在该环境中,无需大量书写程序,而只需要通过简单直观的鼠标操作,就可构造出复杂的系统模型。选择仿真参数和数值算法,启动仿真程序对系统进行仿真,设置不同的输出方式来观察仿真结果等功能。Simulink 是一个能够对动态系统进行建模、仿真和分析的软件包,它支持连续的、离散的或二者混合的线性和非线性系统,也支持具有多种采样速率的多速率系统。

6.1 Simulink 的功能

Simulink 属于 MATLAB 软件扩展,与 MATLAB 语言中的 M 文件的主要区别是它与用户的交互接口是基于模型化图形输入,使用户把更多的精力投入到系统模型的构建,而不是语言的编程上。所谓模型化图形输入是指 Simulink 提供了一些按功能分类的基本系统模块,用户只需要知道这些模块的输入输出及模块实现的功能,而不必考察模块内部是如何实现的,通过对这些模块的调用,再将它们连接起来就可以构成所需的系统模型,然后进行仿真和分析。利用 Simulink 进行系统仿真,其最大的优点是易学和易用,并能依托 MATLAB 提供丰富的仿真资源。

1. 模块组合方式

Simulink 采用模块组合的方法创建动态系统的计算机模型,用于模拟线性或非线性系统,连续或非连续系统,或它们的组合系统。尤其对于比较复杂的非线性系统,更能体现出仿真的方便性。

2. 图形化的建模环境

Simulink 提供了丰富的模块库以帮助用户快速地建立动态系统模型。建模时只需使用鼠标拖放不同模块库中的系统模块并将它们连接起来。另外,还可以把若干功能模块组合成子系统,建立起分层的多级模型。

3. 交互式的仿真环境

Simulink 提供了交互性很强的仿真环境,既可以通过下拉菜单执行仿真,也可以通过命令进行仿真。菜单方式对于交互工作非常方便。仿真过程中各种状态参数可以在仿真运行的同时通过示波器显示出来。

实际工程中需要仿真的场合非常多。当系统还处于设计阶段时,系统并没有真正建立起来,因此不可能在真实系统上进行全系统的试验。即便存在真实系统,若不经仿真就在真实系统上做试验,就会破坏系统的运行或无法复原。例如在一个化工系统中随意改变一个系统参数,可能会导致整炉成品报废;又如,在经济活动中随意实施一个决策,可能会引起经济混乱;再如,改建一个轧钢车间,想要检查一下改建后轧制的效率与质量,不能随便改建试试看,因为一旦改建就不可能再回到原来的状态上去了。而 Simulink 可以用来建模、分析和仿真各种动态系统,包括连续系统、离散系统和混合系统,可以方便地提供采用鼠标拖放的方法建立系统仿真模型。

由于 Simulink 具有友好的用户界面,因此广泛地应用于诸多领域中,如电子系统、控制系统、通信与卫星系统、航空航天系统、生物系统和汽车系统等。

6.2　Simulink 启动和退出

MATLAB 命令窗口如图 6-1 所示,输入 Simulink 或单击 MATLAB 主窗口工具栏上的 Simulink 命令按钮 ![btn] 即可启动 Simulink。Simulink 启动后会显示 Simulink 模块库浏览器(Simulink Library Browser)窗口。执行 FIle→New→Model 菜单命令,会弹出一个名字为 untitled 的模型编辑窗口,如图 6-2 所示。在启动 Simulink 模块库浏览器后,再单击其工具栏中的 Create a new model 命令按钮,会弹出模型编辑窗口。利用模型编辑窗口,可以通过鼠标拖放操作创建一个新的仿真模型。

图 6-1　MATLAB 命令窗口菜单

模型创建完成后,执行 File→Save 或 File→Save As 命令,可以将模型以模型文件的格式(扩展名为. mdl)保存。如果要对一个已经存在的模型文件进行编辑修改,需要打开该模型文件,其方法是:在 MATLAB 命令窗口直接输入模型文件名(不要加扩展名. mdl);或在模块库浏览器窗口或模型编辑窗口执行 File→Open 命令,然后选择或输入编辑模型的名字。另外,单击模块库浏览器窗口工具栏上的 Open a model 命令按钮 ![btn] 或模型编辑窗口工具栏上的 Open model 命令按钮,也能打开已经存在的模型文件。

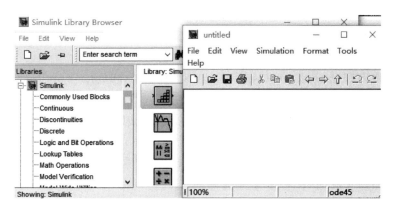

图 6-2 untitled 的模型编辑窗口

若要退出 Simulink，只要关闭所有模型编辑窗口和 Simulink 模块库浏览器窗口即可。

6.3 Simulink 模块库

Simulink 仿真模型在视觉上表现为直观的方框图，在文件上则是扩展名为 .mdl，在数学上体现了一组微分方程或者是差分方程，在行为上模拟了物理器件构成的实际系统的动态特性。模块(Block)是构成系统仿真模型的基本单元。在模型编辑器里把各种模块连接在一起就建立了动态系统的仿真模型。Simulink 模块库浏览器窗口如图 6-3 所示。从图中可看到 Simulink 提供了丰富的模块库。在每一类模块库名称上双击可将该模块库打开。

图 6-3 Simulink 模块库浏览器窗口

　　单击模块库浏览器中 Simulink 前面的"＋"号，将看到 Simulink 模块库中包含的子模块库，单击所需要的子模块库，在右边的窗口中将看到相应的基本模块，选择所需基本模块，可用鼠标将其拖到模型编辑窗口。

　　常用的模块库有 Commonly Used Blocks 库，如图 6-4 所示；Continuous 库，如图 6-5 所示，包含与系统元件、参数之间连接关系的功能模块；Sources（输入源）库，如图 6-6 所示，主要包括与系统输入有关的功能模块；Sinks（输出方式）库，如图 6-7 所示，包括与系统输出、显示有关的功能模块；Discrete 库、Linear 库和 Nonlinear 库，分别包含了离散系统、线性系统和非线性系统等相关的功能模块。只要用户通过双击某一类库的图标，就可以浏览和选取其中具体的功能模块。

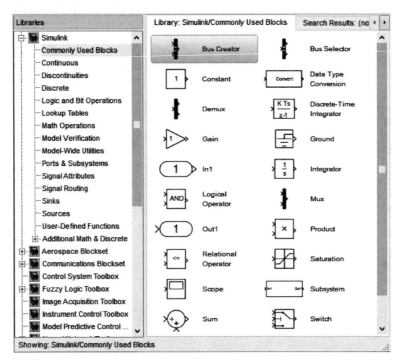

图 6-4　Commonly Used Blocks 库

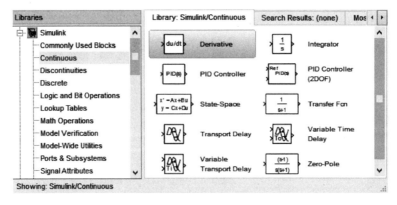

图 6-5　Continuous 库

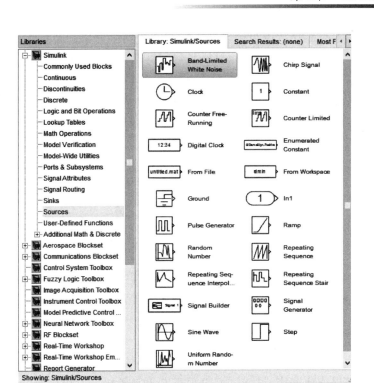

图 6-6　Sources(输入源)库

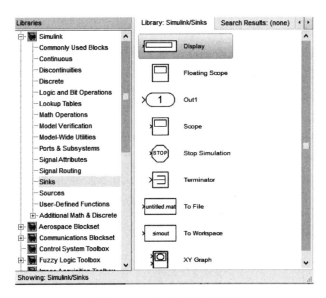

图 6-7　Sinks(输出方式)库

6.4　Simulink 模块的基本操作

Simulink 功能模块的基本操作方法主要包括模块的移动、复制、删除、转向、改变大小、模块命名、颜色设定、参数设定等。在模块库中的模块可以直接用鼠标进行拖曳(选中模块,按住鼠标左键不放），放到模型编辑窗口中进行处理。在模型编辑窗口中选中某个模块，则该模块的 4 个角会出现黑色标记，此时可以对模块进行以下基本操作。

1. 移动

选中需要移动的模块后拖动到所需的位置即可。注意，此时该模块上的连线将始终保持连接的状态，如图 6-8 所示。如果需要脱离连线进行移动，可以先按住 Shift 键，再拖动，如图 6-9 所示。

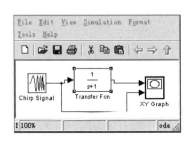 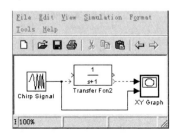

图 6-8　保持连线的模块移动　　　　图 6-9　脱离连线的模块移动

2. 复制

选中需要复制的模块后，按住鼠标右键不放，并将其拖动到所需的位置即可。拖动的过程中会出现一个虚框模块和空心"＋"号，表示正在复制模块。也可以通过使用 Windows 固有的 Copy 和 Paste 命令实现，这个命令在 Edit 菜单下或右键菜单中。

3. 删除

选中需要删除的模块后，按 Delete 键即可直接将其删除。如果需要删除多个模块，可以先按住 Shift 键，再用鼠标选中需要删除的多个模块，按 Delete 键即可。也可以用鼠标直接选取某个区域，再按 Delete 键就可以把该区域中的所有模块和连线等内容全部删除。另外，选中模块后，在弹出的右键菜单中选择 Clear 命令，可以删除所有选中的模块。

4. 转向

为了能够顺序连接各个功能模块的输入端和输出端，减少连线的交叉，有时需要对某些功能模块进行转向操作。选中模块并右击，在弹出的菜单中执行 Format→Flip Block 命令，可将功能模块旋转 180°（水平旋转）；如果执行 Format→Rotate Block 命令，可将该功能模块顺时针旋转 90°。对同一个功能模块执行两次 Rotate Block 与对其执行一次 Flip Block 的作用相同。

5. 改变大小

选中需要改变大小的模块后，直接拖动模块 4 角出现的 4 个黑色标记即可。

6. 模块命名

通常，模块旁边显示的是该模块的名称，在需要更改的模块名称上单击，然后直接输入名称即可。在模型编辑窗口的任意空白处可以双击来添加说明文字。模块名称在功能模块上的位置也可以变换 180°，右击，在弹出的菜单中执行 Format→Flip Name 命令来实现，也可以直接通过鼠标进行拖动。另外，右击，在弹出的菜单中执行 Format→Hide Name 命令可以隐藏模块名称，对于隐藏后的模块名称，如果需要重新显示，可执行 Format→Show Name 命令实现。

7. 颜色设定

可对某些功能模块标记特殊的颜色以表示某种含义。选中需要设定颜色的模块,右击,在弹出的菜单中选择 Foreground Color 下的相应命令可以改变模块的前景颜色,选中 Background Color 可以改变模块的背景颜色。如果需要改变整个模型编辑窗口的颜色,在模型编辑窗口中的任意空白处右击,在弹出的菜单中选择 Screen Color 即可。

8. 参数设定

在 Simulink 中,几乎所有模块的参数都允许用户进行设置,只要双击要设置的模块或在模块上单击,并在弹出的快捷菜单中选择相应模块的参数设置命令,就会弹出模块参数对话框,如图 6-10 所示。该对话框分为两部分,上面一部分是模块功能说明,下面一部分用来进行模块参数设置。

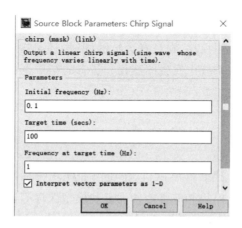

图 6-10　Chirp Signal 模块参数设定窗口

习题 6

6-1　什么是 Simulink? 它有什么作用?

6-2　仿真模型主要由哪几部分组成?

6-3　如何进行仿真模型的基本操作及参数设置?

第 7 章

Simulink 系统建模及仿真应用

Simulink 支持连续、离散或两者混合的线性和非线性的系统的仿真。首先定义一个系统的数学模型,然后根据数学模型建立系统仿真模型,最后通过菜单或命令窗口输入命令对它进行仿真。如果添加了画图模块,在仿真运行的同时,还可观看到仿真结果的图形,也可以通过改变参数观看元件或系统中发生的变化。仿真的结果也可存放到 MATLAB 工作空间里做事后处理。

7.1 创建仿真模型的步骤

Simulink 创建模型包含建立模型窗口、将所需的模块方框图拖入模型窗口、调整模块输入端口数目、模块间连线、模块相应参数的设置和模型保存等,主要步骤如下:

- 在 Simulink 模块库浏览器界面中,执行 File→New→Model 命令,打开一个新的模型编辑窗口。
- 将所需的模块方框图拖入模型窗口。
- 设置模块参数及仿真参数,并连接各个模块组成系统仿真模型。如果某模块框图中所示的输入端口数目与实际系统端口数目不同,则调整该模块输入端口的个数。
- 按信息流动的顺序将上述各功能模块连接起来。
- 模型建好后,执行 File→Save 或 File→Save As 命令将它保存,并且保存为 .mdl 文件。
- 开始系统仿真。
- 观察仿真结果。

7.2 系统仿真时间参数的设置

本节主要介绍 Solver 选项卡,用于设置仿真起始和停止时间,选择微分方程求解算法,以及选择某些输出选项。

打开系统仿真模型,在模型编辑窗口执行 Simulation→Configuration Parameters 命令,打开仿真参数对话框,如图 7-1 所示,在其中可以设置仿真时间的范围、仿真解法器参数设置、仿真精度以及其他输出选项。

注意这里的仿真时间概念与真实的时间并不一样,而是计算机仿真中对时间的一种表示。例如10s的仿真时间,如果采样步长定为0.1,则需要执行100步,实际发生的时间是执行100步所需的时间。若把步长减小,则采样点数增加,那么实际的执行时间就会增加。一般仿真开始时间设为0,而仿真结束时间视不同的因素而选择。总的说来,执行一次仿真要耗费的时间依赖于很多因素,包括模型的复杂程度、解法器及其步长的选择、计算机时钟的速度等。实际工程中,可以在 Start time(起始时间)和 Stop time(终止时间)右边的文本框中指定合适的仿真时间范围。

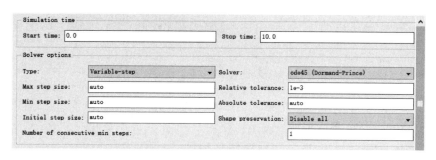

图 7-1　Solver 选项卡

设置仿真参数完成之后,选择 Simulation→Start 菜单项或单击 ▶ 按钮,便可启动对当前模型的仿真,如图7-2所示。运行之后,Start 菜单项变成不可选,而 Stop 菜单项变成可选,以供中途停止仿真使用,若选择 Stop 项停止仿真,Start 项又变成可选。

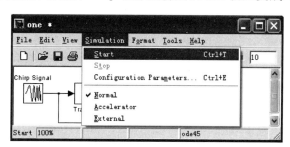

图 7-2　Simulation→Start 菜单项

7.3　Simulink 仿真应用实例

下面以几个简单的模型为例,说明 Simulink 进行动态系统仿真的主要流程,其基本步骤包括模型的创建、仿真参数设置和仿真结果显示。

当系统仿真参数设置完成后,就可以进行仿真。运行仿真的方法有如下两种:

方法1:单击系统仿真模型窗口中的黑色三角形 ▶ ;

方法2:执行仿真模型编辑窗口 Simulation→Start 菜单命令。

【例 7-1】　将信号输出到显示模块。

(1) 示波器 Scope 模块:显示时域波形。

新建仿真模型文件,将一个信号发生器模块和一个示波器 Scope 模块拖曳到新建模型中,如图7-3(a)所示。设置仿真参数,然后单击菜单中的"仿真开始"。双击示波器模块,信号将被显示在示波器 Scope 模块的独立窗口中,如图7-3(b)所示。示波器窗口可放大、缩小，也可将波形打印出来。

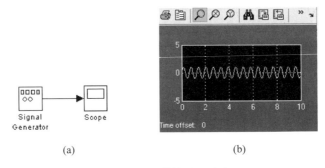

(a)   (b)

图 7-3　Scope 模块及显示窗口

（2）XY Graph 模块：绘制两个输入信号相互关系的二维图形。

新建仿真模型文件，将一个信号发生器模块、一个正弦波模块和一个 XY Graph 模块拖曳到新建模型中，如图 7-4（a）所示。设置仿真参数，本例设置两个输入信号的频率相差 2 倍；XY Graph 模块显示器有两个输入端，上面的输入口为 x，下面的输入口为 y，显示 x 与 y 的关系曲线。参数设置完毕后，单击菜单中的"仿真开始"，自动显示出二维图形，如图 7-4（b）所示。

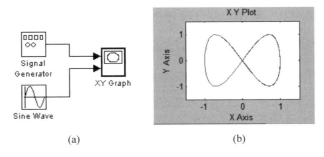

(a)   (b)

图 7-4　XY Graph 模块及结果显示窗口

（3）数字显示 Display 模块：显示数字模块。

此模块没有独立的显示窗口，只在模块上的显示框中直接滚动显示数据结果，如图 7-5 所示。

图 7-5　矩阵输入时的 Display 的显示窗口

【例 7-2】　用 Display 模块直接显示计算结果（如图 7-6 所示）。

解：模型由一个常数模块、一个增益模块、一个三角函数模块和一个显示模块组成。各个模块的参数值设置如下：

- Constant 设置为 2-5i。
- Gain 设置为 8。
- Trigonometric Function 的计算函数表达式设置为 cos。

仿真后,Display 模块直接显示计算结果,如图 7-6 所示。

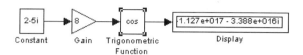

图 7-6　仿真模型及计算结果显示

【例 7-3】　利用 Simulink 绘制曲线 $y = 3t^2 + 20$。

解:

(1) 采用 Simulink 模块建立仿真模型。

本模型包括如下模块:

在 User-Defined Functions 中选择 f(u) Fcn 模块,设置参数,如图 7-7 所示。

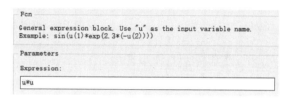

图 7-7　Fcn 模块设置

Sources 模块库:选择 Clock 模块。

Commonly Used Blocks 模块库:选择 Gain 增益模块、Sum 求和模块、Constant 常数模块。

Sinks 模块库:选择 Scope 显示模块。

建立仿真模型如图 7-8 所示,Scope 显示模块显示图形如图 7-9 所示。

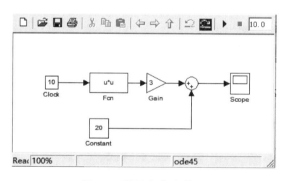

图 7-8　模块化仿真模型

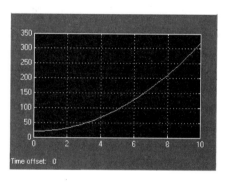

图 7-9　Simulink 绘制曲线

(2) 若本题采用编制 M 文件方法绘制曲线,程序如下:

```
t = 0:0.1:10;
y = 3 * t.^2 + 20;
plot(t,y)
grid
```

运行结果如图 7-10 所示。

可见,画出的曲线一致,只是采用的方法不同而已,在实际工程中,灵活运用画图方法,哪种方法简单则采用哪种即可。

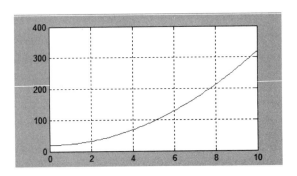

图 7-10　M 文件方法绘制曲线

【例 7-4】　连续系统建模及仿真。

已知简单系统的方程为：$y(t) = \begin{cases} 2\sin(t), & t < 10 \\ 4\sin(t), & t \geqslant 10 \end{cases}$，其中，$\sin(t)$ 为系统的输入，$y(t)$ 为

系统输出，建立系统仿真模型，并观察 $y(t)$ 输出波形。

解：

（1）首先根据系统的数学模型描述选择合适的 Simulink 模块建立系统仿真模型。本系统包括如下模块。

Sources 模块库：一个 Sine Wave 模块，作为系统的输入信号；一个 Constant 模块，产生特定时间；一个 Clock 模块，显示系统运行时间。

Commonly Used Blocks 模块库：一个 Switch 模块，实现系统的输出选择。一个 Relational Operator 模块，实现系统中的时间逻辑关系。

Math 模块库：2 个 Gain 模块，实现系统中的信号增益。

Sinks 模块库：一个 Scope 模块，显示系统的输出信号。

然后，将模块根据给出的数学关系进行连线，建立系统仿真模型，如图 7-11 所示。

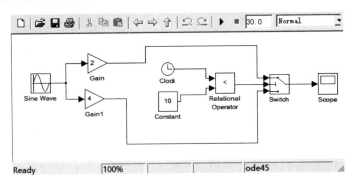

图 7-11　系统仿真模型

（2）仿真模型中各模块的参数设置。

系统模型建立之后，需要对系统中各模块参数进行合理的设置。本例中各模块设置如下。

Sine Wave 模块：由于无特殊要求，则采用 Simulink 默认值。

Constant 模块：在模型窗口中双击该模块，将参数设置为 10，如图 7-12 所示。

Clock 模块：采用默认参数设置。

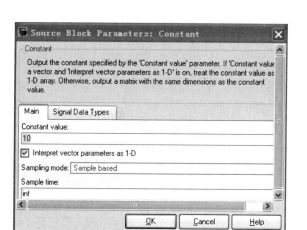

图 7-12 Constant 模块参数设置窗口

Relational Operator 模块：采用默认参数设置。

Gain 模块：分别双击 Gain 模块（如图 7-13 所示）和 Gain1 模块，设置增益值分别为 2 和 4。

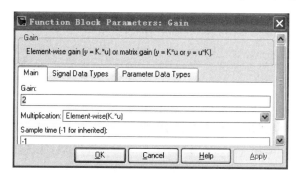

图 7-13 Gain 模块参数设置窗口

Switch 模块：设定 Switch 模块的 Threshold 值为 0.7（大于 0，小于 1 即可）。该模块在输入端口 2 的输入大于或等于给定的阈值时，模块输出为第 1 端口的输入，否则为第 3 端口的输入，从而实现系统输出随仿真时间进行正确的切换，如图 7-14 所示。

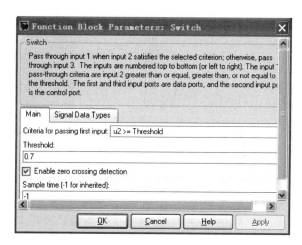

图 7-14 Switch 模块参数设置窗口

（3）系统仿真参数的设置及仿真结果显示。

以上对系统模型中的各个模块完成了适当的参数设置，然后需要设置系统的仿真参数，才能进行仿真。

一般在默认情况下，Simulink 的仿真起始时间为 0s，仿真结束时间为 10s。

本例中，只有当仿真时间设置大于 10s 时，才能观察到系统输出转换的两段曲线，因此，需要设置合适的仿真结束时间。执行 Simulink→Parameters 命令，打开系统仿真参数设置窗口，在 Solver 标签页中设置系统的仿真起始时间为 0s，仿真结束时间为 30s，其他选项可保持默认值。

系统仿真结束后，双击仿真模型中的 Scope 模块，在弹出的 Scope 窗口中将显示仿真结果，如图 7-15 所示。

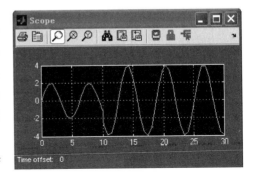

图 7-15 系统的仿真结果

【例 7-5】 一个二阶微分方程：$\ddot{x}+0.2\,\dot{x}+0.4x=3u(t)$，$u(t)$ 是单位阶跃函数。

（1）用积分模块建立仿真模型，并输出 x 仿真结果；（2）利用传递函数建立仿真模型。

解：

（1）用积分模块建立仿真模型。

首先改写微分方程，将其变形为

$$\ddot{x}=3u(t)-0.2\,\dot{x}-0.4x$$

容易看出，$\ddot{x}$ 经积分后得到 $\dot{x}$，再经积分得到 x，$\dot{x}$ 和 x 经代数运算产生 $\ddot{x}$。

下面利用 Simulink 模块库中相应模块建立仿真系统模型，如图 7-16 所示。

模型中，x 被送到示波器 Scope 中显示，如图 7-17 所示。

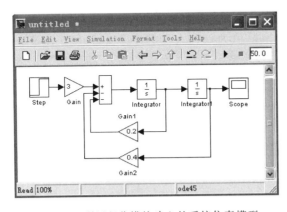

图 7-16 利用积分模块建立的系统仿真模型

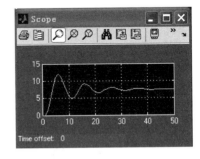

图 7-17 示波器 Scope 显示结果

另外，可以通过 To workspace 模块将任意输出量存储到工作空间变量 Simout 中，此时，在 MATLAB 命令空间里输入"plot(Simout)"，按回车键，则自动绘出 x 仿真结果。

（2）利用传递函数建立仿真模型。

$u(t)$ 为单位阶跃函数，设初始状态为 0，则对微分方程两边进行 Laplace 变换，得到

$$s^2 X(s)+0.2sX(s)+0.4X(s)=3U(s)$$

整理后得到

$$G(s) = X(s)/U(s) = \frac{3}{s^2 + 0.2s + 0.4}$$

直接用传递函数模块建立仿真系统模型,如图 7-18 所示。x 被送到示波器 Scope 中显示,仿真结果与图 7-17 相同。

【例 7-6】 同时显示多个仿真结果。

根据数学模型:

$$\int x\mathrm{d}t = z, \quad y = 5\sin t, \quad z = 3\sin\left(t - \frac{\pi}{4}\right)$$

在同一个示波器中显示出 3 个波形。

解：将数学模型进行整理,如下所示：

$$x = \mathrm{d}z/\mathrm{d}t$$
$$y = 5\sin t$$
$$z = 3\sin\left(t - \frac{\pi}{4}\right)$$

根据上述数学模型建立仿真系统模型,如图 7-19 所示。

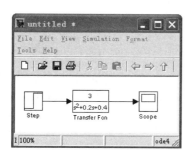

图 7-18　利用传递函数建立仿真系统模型

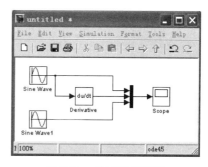

图 7-19　仿真系统模型

在仿真模型中,各个模块的参数设置如下：

- 正弦波 Sine Wave 的 block parameters\Amplitude 设为 3,相位 phase 设置为－pi/4。
- 正弦波 Sine Wave1 的 block parameters\Amplitude 设为 5。
- 信号混路模块 Mux 的 Commonly Used Blocks\Number of Inputs 设为 3,因为有 3 路信号输入,其余默认。

参数设置完毕后,进行仿真,运行结果如图 7-20 所示。

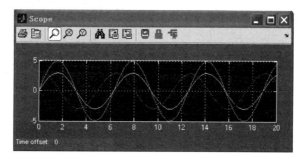

图 7-20　仿真运行结果

此例也可用 3 个 Sine Wave 输入信号源建立模型，如图 7-21 所示。

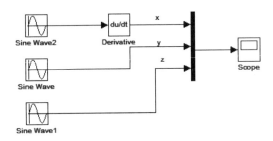

图 7-21　仿真模型

另外，需要注意 Sum 与 Mmux 模块的区别：

若采用 Sum 模块代替 Mux 模块，系统仿真模型如图 7-22 所示。此时设置 3 个输入端，意味着将输入的 3 个信号进行代数相加，运行仿真结果如图 7-23 所示。

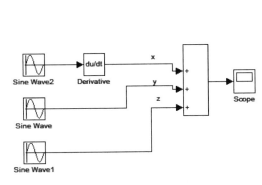

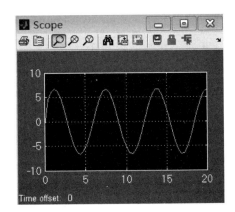

图 7-22　仿真模型　　　　　　　　　　图 7-23　仿真运行结果

若将显示模块 Scope 输入端设置为 3 个，系统仿真模型如图 7-24 所示，则表示将 3 个输入信号分别显示在 3 个坐标轴里面，如图 7-25 所示。

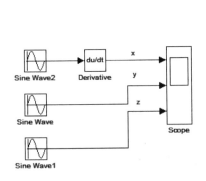

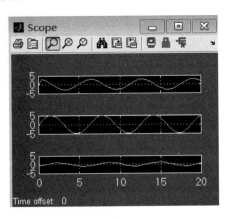

图 7-24　仿真模型　　　　　　　　　　图 7-25　仿真运行结果

可见，不同模块的选择，不同参数的设置，都将产生不同的仿真结果。

习题 7

7-1　建立一个简单模型,产生一组常数 1 行 5 列,再将该常数与其 5 倍的结果合成一个二维数组,用数字显示器显示出来。

7-2　已知数学模型 $\ddot{x}=0.5\dot{x}+\sin t$,建立仿真模型,并在示波器中显示 x 的波形。

7-3　已知数学模型 $\ddot{x}+2\dot{x}-5x^3=0.9\sin(50t)$,利用 Simulink 积分模块,建立仿真模型,并显示 x 变化曲线以及 x 与 $\dot{x}$ 之间关系曲线,同时将 x 和 $\dot{x}$ 数据分别送入工作空间。

7-4　已知控制系统的传递函数为 $G(s)=\dfrac{1}{s^2+4s+8}$,用 Simulink 建立系统仿真模型,并对系统的阶跃响应进行仿真。

7-5　建立简单仿真模型,用信号发生器产生一个幅度为 2V、频率为 0.5Hz 的正弦波,并叠加一个 0.1V 的白噪声信号,将叠加后的信号显示在示波器中并将结果传送到工作空间。

第 8 章　Simulink 子系统的创建及封装

CHAPTER 8

对于复杂系统的 Simulink 仿真模型,可以把模型中完成特定功能的一部分模块组合起来,创建一个新的模块,称之为子系统(Subsystem)。子系统减少了系统 Simulink 框图中模块的数量,使模型的层次、结构及功能更加清晰,一目了然。子系统形成的新模块也可以被其他 Simulink 模型调用,具有可移植性。子系统有两种:未封装的子系统和封装的子系统,前者没有对话框,用户可以打开子系统相关模块直接设置参数;后者带有对话框,可交互式地设置子系统的参数。这两种子系统在 Simulink 框图模型中都有不同应用。

8.1　创建子系统

子系统可以简单地理解为一种"容器",可以将一组相关的模块封装其中,并且有等效于原系统模块群的功能,在模型仿真过程中可以作为一个模块。使用子系统的基本目的就是用一个模块表示一组相关的模块,用以简化仿真系统,增强模型的可读性,使得系统的仿真和分析更加容易。

建立子系统有通过已有的模块建立子系统和通过 Subsystem 模块建立子系统两种方法。这两种方法创建的子系统最终实现一模一样的功能,只不过操作顺序不同。两者的区别是:前者先将系统结构搭建起来,然后把相关模块组合起来建立子系统;后者先建一个子系统模块,然后在子系统模块中添加相应功能模块。

下面分别介绍采用两种方法创建子系统的步骤。

8.1.1　通过已有模块建立子系统

主要步骤如下:

(1) 选中要建立子系统的模块,但不包括输入端口和输出端口。

(2) 在模型编辑窗口执行 Edit→Create Subsystem 命令,创建一个子系统模块。此时,系统自动把输入模块和输出模块添加到子系统中,并把原来的模块变为子系统的图标。

【例 8-1】　将图 8-1 所示仿真模型中被选中的模块创建子系统。

解:要生成子系统,首先选中模块,如图 8-1 所示。然后右击,在弹出的菜单中执行 Create Subsystem 命令,创建完成的子系统如图 8-2 所示。

注意:创建完一个子系统并不等于封装了子系统,封装一个子系统还需要完成封装的一系列步骤,本章第 8.2 节将详细讲解。

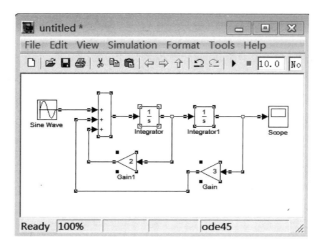

图 8-1　系统仿真模型

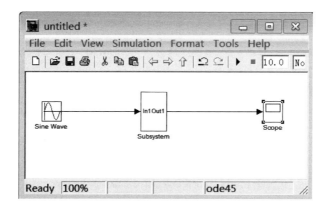

图 8-2　子系统仿真模型

双击 Subsystem 子系统模块，可看到里面的结构如图 8-3 所示。

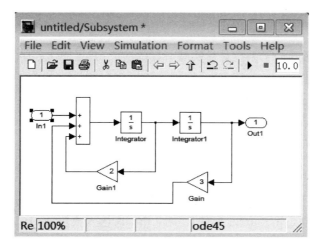

图 8-3　Subsystem 子系统里面的结构

8.1.2 通过 Subsystem 模块建立子系统

通过 Subsystem 模块建立子系统的主要步骤如下：

（1）打开 Simulink 模块库浏览器，新建一个仿真文件。

（2）打开 Simulink 模块库中的 Ports & Subsystems 模块库，将 Subsystem 模块添加到模型编辑窗口中，如图 8-4 所示。

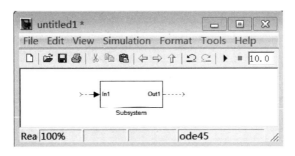

图 8-4 Subsystem 模块

（3）双击 Subsystem 模块，弹出 Subsystem 子系统窗口，其中的输入模块和输出模块自动生成，表示子系统的输入端口和输出端口，如图 8-5 所示。将子系统中的 in1 和 out1 连线删除，然后将要完成相应功能的模块添加到 in1 和 out1 之间，然后连线。这样，一个子系统就创建完成了。

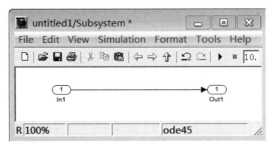

图 8-5 Subsystem 模块内部结构

可见，两种方式创建的子系统最后实现一样的功能，只是操作顺序不同而已。对于不太复杂的系统，可以采用 8.1.1 节的方法，这种方法能够顺利搭建子系统模型，一般不容易出错。对于复杂的系统，建议采用本节介绍的方法，事先将系统分成若干个子系统，最后将所有子系统组合起来构成一个完整的仿真系统。

在使用 Simulink 建立子系统模型时，常用到以下几种操作：

- 子系统命名。命名方法与模块命名类似，采用有代表意义的文字来命名子系统，以增强模块的可读性。
- 子系统的编辑。双击子系统模块的图标，打开子系统并对其进行编辑。
- 子系统输入。使用 Sources 模块库中的 Inport 输入模块，即 In1 模块，作为子系统的输入端口。
- 子系统输出。使用 Sinks 模块库中的 Outport 输出模块，即 Out1 模块，作为子系统的输出端口。

8.2 子系统的封装

所谓子系统的封装(Masking)就是为子系统定制对话框和图标,使子系统本身有一个独立的操作界面,把子系统中各模块的参数对话框合成一个参数设置对话框,在使用时不必打开每个模块进行参数设置,这样使子系统的使用更加方便,有利于进行复杂大系统的仿真。

例如,对例 8-1 中的子系统进行封装:右击生成的子系统 Subsystem 模块,在弹出的菜单中选择 Mask subsystem 命令,弹出如图 8-6 所示的 Mask Editor 参数对话框,在其中可以进行参数设置。Mask Editor 参数对话框可以创建和编辑封装子系统。对话框中有 4 个选项卡:Icon、Parameters、Initialization 和 Documentation。子系统的封装主要就是对这 4 个选项卡参数进行设置。每个选项卡都可以定义封装 Mask 的特性。

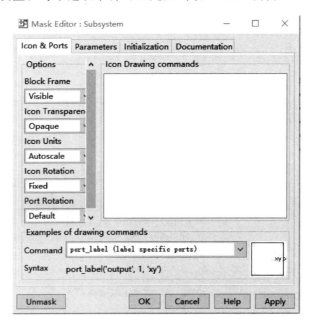

图 8-6 Mask Editor 对话框

- Icon & Ports 选项卡:允许定义模块图标。
- Parameters 选项卡(如图 8-7 所示):允许定义和描述封装对话框和参数的字符变量。
- Initialization 选项卡(如图 8-8 所示):允许制定初始化命令。
- Documentation 选项卡(如图 8-9 所示):允许定义封装的类型,并且设定模块的描述和帮助。

Mask Editor 参数对话框下面的 5 个按钮功能如下所述:

- Unmask 按钮:解除封装,并关闭 Mask Editor 参数对话框,但是封装的信息仍然保留。为了恢复封装,在选择的模块上右击,在弹出的菜单中执行 Create Mask 命令,将弹出 Mask Editor 参数对话框,并显示以前的设置。

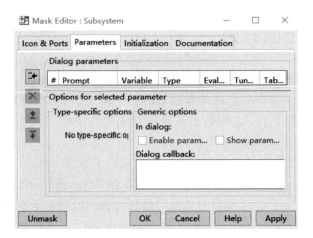

图 8-7　Parameters 对话框

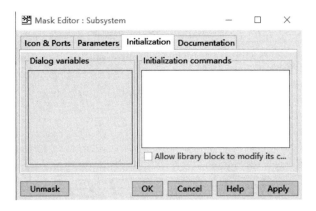

图 8-8　Initialization 对话框

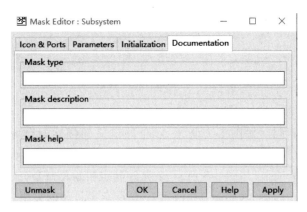

图 8-9　Documentation 对话框

- OK 按钮：应用所有的设定，并关闭 Mask Editor 参数对话框。
- Cancel 按钮：关闭 Mask Editor 参数对话框。
- Help 按钮：显示封装帮助文档。
- Apply 按钮：应用所作的参数设定，但是并不关闭 Mask Editor 参数对话框。

　　如果想查看封装前的子系统,右击子系统,在弹出的菜单中选择命令打开子系统,而且模块封装不会受影响。

　　对于封装后的子系统,可以将子系统看成一个黑匣子,用户可以不用了解其中的具体细节而可以直接使用。另外,子系统也可以作为用户的自定义模块,和普通模块一样添加到Simulink模型中应用,也可添加到模块库中使用。封装后的子系统可以定义自己的图标、参数和帮助文档,完全与Simulink的其他普通模块一样。双击封装后的子系统模块,将弹出对话框进行参数设置。若出现问题,可单击Help按钮,但需注意的是,帮助文件是创建者自己封装时编写进去的。

8.3　子系统创建及封装的应用实例

　　下面通过一个实际例子来说明如何创建及封装子系统。

　　【例 8-2】　已知二阶系统的开环传递函数为 $G(s)=\dfrac{16}{s^2+s+16}$,

　　(1) 建立 Simulink 仿真模型并显示开环单位阶跃响应。

　　(2) 利用 PID 构成单位负反馈闭环系统,系数分别为 $k_p=5$,$k_i=10$,$k_d=1$,建立 PID 闭环控制仿真模型。

　　(3) 对 PID 控制部分进行封装,建立子系统。

　　解:

　　(1) 从以下模块库中选择相应模块建立 Simulink 仿真模型。

　　Sources 模块库:一个 Step 模块,产生阶跃输入信号,参数设置如图 8-10 所示。

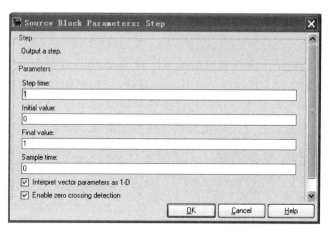

图 8-10　Step 模块参数设置

　　Continuous 模块库:一个 Transfer Fcn 模块,开环传递函数,参数设置如图 8-11 所示。

　　Sinks 模块库:一个 Scope 模块,显示响应曲线。

　　在仿真参数设置窗口的 Solver 标签页将仿真时间设置为 30s。将所有模块进行连线和参数设置完毕后,建立仿真模型如图 8-12 所示。

　　执行 Simulation→Start 命令,开始仿真。从 Scope 模块显示中可观察到单位阶跃响应曲线,如图 8-13 所示。

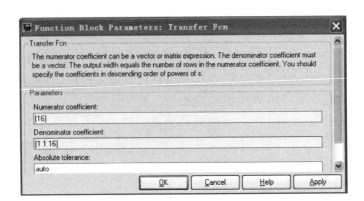

图 8-11　Transfer Fcn 模块参数设置

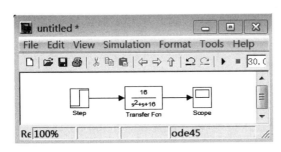

图 8-12　仿真模型

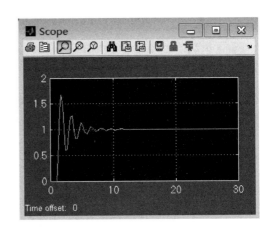

图 8-13　Scope 模块显示的单位阶跃响应曲线

（2）从 Scope 显示的单位阶跃响应曲线可以看到，系统达到稳态所需要的时间很长，因此，按题意可以采用 PID 控制规律建立闭环控制系统，以缩短振荡时间和减轻振荡幅值。

在原有开环仿真模型的基础上增加相应模块形成闭环系统：

根据题意选用以下模块建立闭环仿真系统模型如图 8-14 所示。其中，

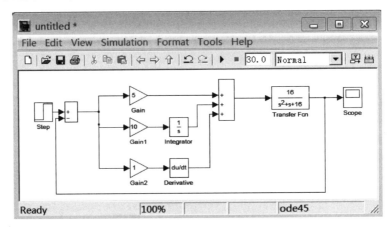

图 8-14　PID 闭环控制仿真模型

Continuous模块库：一个Integrater模块，实现积分运算，参数使用系统默认值。

Continuous模块库：一个Derivative模块，实现微分运算，参数使用系统默认值。

Math Operations模块库：2个Sum模块，完成求和运算，Sum1设置为3个输入，如图8-15所示。

Sum2参数由例题的要求设置为两个输入。

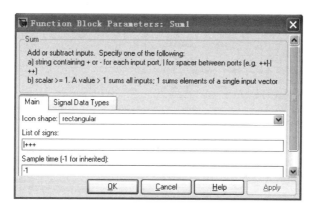

图8-15　Sum1模块参数设置

Math模块库：3个Gain模块分别实现比例、微分和积分的增益，3个Gain模块参数设置相似，只是将k_p、k_i、k_d分别设置为5、10、1即可，如图8-14模型中所示。

为了和开环控制结果相比较，仍然选用30s仿真时间，仿真结果如图8-16所示。

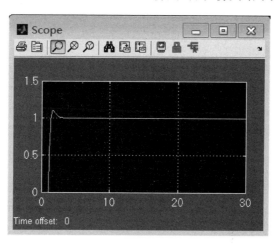

图8-16　PID闭环控制系统的单位阶跃响应

由输出结果可见，系统采用PID控制后，系统的单位阶跃响应振荡时间变短，超调量变小，过渡过程平稳、快速。

（3）建立PID子系统模型。

首先将图8-14中将要作为子系统的一组模块选中，如图8-17所示。

然后执行Edit→Create Subsystem菜单命令（或直接按Ctrl＋G键），则生成子系统模块，生成新的系统模型如图8-18所示。

双击Subsystem子系统，还可以看到子系统内部的模块，如图8-19所示。

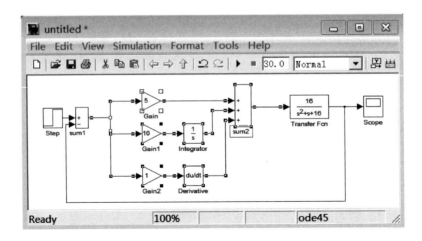

图 8-17　选中将作为子系统的模块

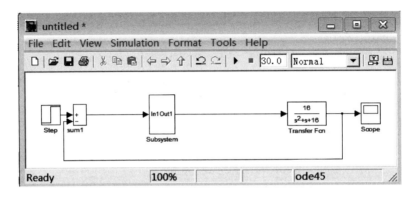

图 8-18　子系统模型

下一步，对创建的 Subsystem 子系统进行封装。选中该模块，单击菜单 Edit 中的 Edit Mask，然后设置窗口中的标签页，如图 8-20、图 8-21、图 8-22 和图 8-23 所示。

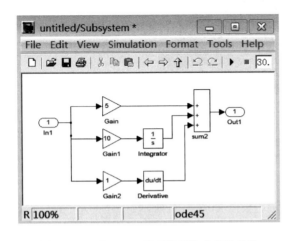

图 8-19　Subsystem 子系统封装之前的参数

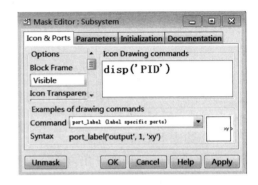

图 8-20　子系统 Icon 标签页的设置

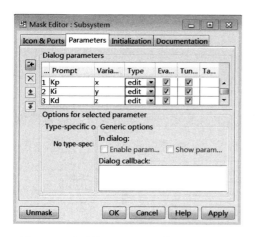

图 8-21　子系统 Parameters 标签页的设置

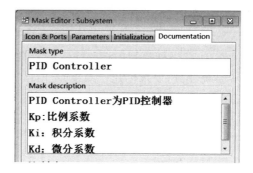

图 8-22　子系统 Documentation 标签页的设置

完成设置后，单击 Mask Editor 中的 OK 按钮，则封装结束。封装完 PID 子系统后的闭环系统的仿真模型如图 8-24 所示。

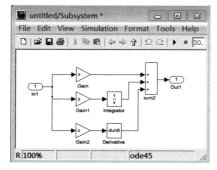

图 8-23　子系统内部 Gain 模块重新设置的参数

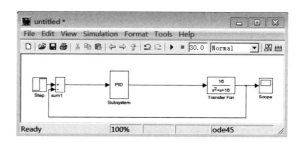

图 8-24　封装完 PID 子系统后的闭环系统

若双击封装后的子系统模块 PID，则弹出该模块的设置窗口，如图 8-25 所示，可以根据用户要求设置子系统参数，最后进行仿真运行。

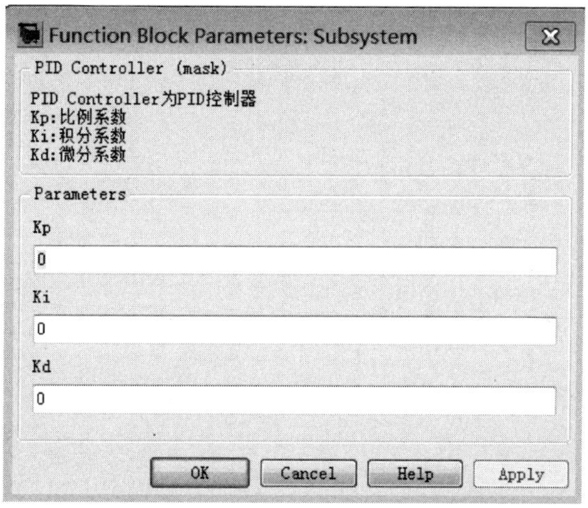

图 8-25　子系统 PID 模块窗口

习题 8

8-1 Simulink 如何创建子系统？

8-2 子系统封装之前和之后有何不同？

8-3 在下列模型中选择输入信号发生器和输出示波器之间所有模块对象作为将创建的子系统部分，要求创建子系统并进行子系统封装。

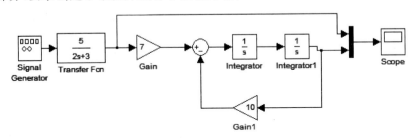

图 8-26 习题 8-3 模型图

PART THREE

第 3 篇

MATLAB 应用
实例仿真

MATLAB是一种广泛应用于工程计算及数值分析领域的高级语言。MATLAB能适合多学科、多部门的要求,其特点有:

(1) 以复数矩阵或数组为数据单元进行运算,可直接处理矩阵或数组。

(2) 语言结构紧凑、内涵丰富、编程效率高且用户使用方便。

(3) 具有强大的绘图功能。用户只需一条或几条语句,就可方便地画出复杂的二维或三维图形。

(4) 含有丰富的内部函数,可直接调用而不需另行编程,如用来求解微分方程或微分方程组的 dsolve 函数、求解线性方程组的 solve 函数。

(5) 带有 Simulink 动态模拟工具及 toolbox 工具箱等其他功能,可方便地生成模拟模型。

(6) 在涉及复杂算法的仿真中,如电气传动控制系统,使系统仿真更易实现。

本篇介绍 MATLAB 在电类专业课程中的应用,主要仿真实例涉及基础课和部分专业课,包括电路、信号与系统、数字信号处理、自控原理和通信工程等课程。本篇由大量实例组成,虽然这些例题不能完全覆盖每门课程的全部内容,但是读者通过这些例题,能够了解 MATLAB 语言中各种命令的用法以及在各门课程中的应用。以后在实际工程应用中,能够根据工程需要,编制出仿真应用程序。

MATLAB/Simulink 在电路中的仿真应用

第 9 章

CHAPTER 9

MATLAB/Simulink 功能非常强大,不仅能实现数值运算、符号运算,还能为电路仿真分析提供合适的语言平台。在 MATLAB 环境下进行电路仿真,可实现任意线性电阻电路、正弦稳态电路和暂态电路的自动解析求解,为电路分析提供了有效的辅助工具。学生在学习电路课程时运用 MATLAB/Simulink,可将注意力集中在电路分析方法本身,而不会为求解数学方程而困扰,从而有助于提高学习效率。本章的实例分别用 MATLAB 的 M 命令文件编程方法和 Simulink 库模块编程方法对模拟电路和数字电路进行仿真和分析。

9.1 模拟电路的仿真应用

MATLAB 可以形象地展示电路性能,减少复杂电路的计算量,使用参数变量实现仿真。尤其在计算和分析电路方面简单、直观,运算效率高。本节主要介绍如何利用 M 文件及 Simulink 对模拟电路进行仿真和分析,使读者了解 MATLAB 语言的应用功能。

本节中,基于 Simulink 编程主要应用电力系统模块库 SimpowerSystems 中的模块,如图 9-1 所示。

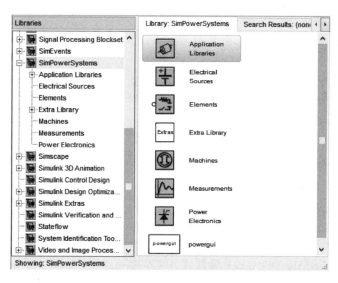

图 9-1 电力系统模块库

右击图 9-1 中右侧的功能模块,显示出具体模块。如右击电源模块 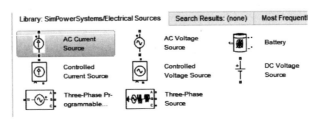,则显示出如图 9-2 所示具体模块库。

图 9-2　电源模块库(Electrical Source)

电源模块库提供了电路、电力系统中常用的各种理想电源及可编程电源等。表 9-1 详细介绍各模块功能。

表 9-1　部分电源模块介绍

模　块　名	功　能	模　块　名	功　能
DC Voltage Source	直流电压源	AC Voltage Source	交流电压源
AC Current Source	交流电流源	Controlled Voltage Source	受控电压源
Controlled Current Source	受控电流源	Three-Phase Source	三相电源

9.1.1　电阻电路

【例 9-1】　电阻电路的计算。

电路如图 9-3 所示,已知 $U_s = 50\text{V}$,$I_{s1} = 4\text{A}$,$I_{s2} = 2\text{A}$,$R_1 = 7\Omega$,$R_2 = 2\Omega$,$R_3 = 3\Omega$,求电路中的节点电压 u_1,u_2。

解:新建一个 Simulink 模型文件,根据图 9-3 要选用的模块如下。将所有模块分别拖曳到模型文件中。双击各模块,在弹出的“参数设置”对话框中分别设置参数。

- DC Voltage Source 模块:位于 SimPowerSystems 结点下的 Electrical Sources 模块库中,其是一个理想直流电压源。
- AC Current Source 模块:位于 SimPowerSystems 结点下的 Electrical Sources 模块库中,其是一个理想交流电流源。通过对其参数的设置(频率设为 0,相位设为 90°),可以将其变为一个理

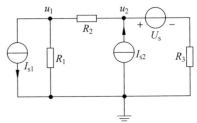

图 9-3　例 9-1 电路图

想直流电流源。

- Series RLC Branch 模块：位于 SimPowerSystems 结点下的 Elements 模块库中，代表一条串联 RLC 支路。通过下拉菜单选择，可以将其变为代表单独的电阻、电感、电容的支路。
- Voltage Measurement 模块：位于 SimPowerSystems 结点下的 Measurements 模块库中，用于测量所在支路的电压值。
- Ground 模块：位于 SimPowerSystems 结点下的 Elements 模块库中，其作用是接地。
- Display 模块：位于 Simulink 结点下的 Sinks 模块库中，用于显示所测量的数值。

相应模块参数设置如下：

- DC Voltage Source 模块的 Amplitude 参数设置为 50，并改名为 Us。
- AC Current Source 模块共需 2 个，在 Simulink 模块库中没有直接提供的直流电流源模块。需要用直流电流源时，可利用 AC Current Source 模块产生。当 AC Current Source 模块代表直流电流源时，Phase 设置为 90°，Frequency 设置为 0。此时参数 Peak amplitude 设置为直流电流源的实际值（$I_{s1}=4$，$I_{s2}=2$），将 2 个直流电流源改名为 Is1 和 Is2。
- Series RLC Branch 模块共需 3 个。在 Simulink 模块库中没有专用的电阻，需要这类器件时，可利用 Series RLC Branch 模块产生。当 Series RLC Branch 模块代表单一电阻模块时，可双击该模块，在弹出的"参数设置"对话框中，首先将参数 Branch type 设置为 R，然后将参数 Resistance 设置为所仿真电阻的实际值（$R_1=7$，$R_2=2$，$R_3=3$）。完成参数设置以后，可以看到代表 Series RLC Branch 模块的图形发生对应变换。并将 3 个电阻改名为 R1，R2 和 R3。
- Powergui 模块：不需要和任何模块连接，只添加到模型中即可，起到连续运行的作用。需注意，对于较高级版本的 MATLAB 软件，在运行电路仿真时，仿真模型中必须添加运行模块 powergui，否则系统不仿真。

模块参数设置完毕以后，将所有模块连接起来，则得到 Simulink 仿真模型，然后，运行此模型，仿真模型及运行结果如图 9-4 所示。

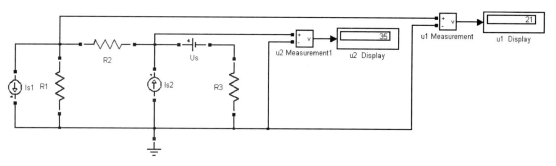

图 9-4　例 9-1 Simulink 模型图

【例 9-2】　含受控源的电阻电路。

如图 9-5 所示电路具有 VCCS，其电流 $I_c=g_mU_2$，其中 U_2 为电阻 R_2 上的电压。已知 $R_1=4\Omega$，$R_2=4\Omega$，$R_3=2\Omega$，$I_s=2A$，$g_m=2$。求 U_2。

解：新建一个 Simulink 模型文件，根据图 9-5，将所用的模块分别拖曳到模型文件中。

图中要选用的模块包含 AC Current Source 模块、Series RLC Branch 模块和 Display 模块在例题 9-1 中都有相应的介绍，在此就不再赘述。这里主要介绍例题中受控电流源等其他模块的创建方法。

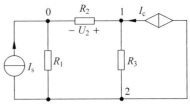

图 9-5　例 9-2 电路图

本例中选用以下模块。

- Controlled Current Source 模块：位于 SimPowerSystems 结点下的 Electrical Sources 模块库中，其作用是产生一个受控电流源。该模块有两个输入端和一个输出端。双击该模块，在弹出的"参数设置"对话框中将参数 Source type 设置为 DC（因为是直流电路）。将受控电流源模块改名为 Ic。在此例中，该模块的一个输入端和一个输出端分别连接在相应的支路上，另一输入端与名为 Gain 的模块相连。

- get voltage 模块：它实际上是一个 Voltage Measurement 模块，用于获得控制电压。

- Gain 模块：它位于 Simulink 结点下的 Math Operations 模块库中，起到增益的作用。双击 Gain 模块，在弹出的"参数设置"对话框中将参数 Gain 设置为 2，它将 get voltage 模块获得的控制电压扩大 2 倍送给受控电流源。

- Powergui 模块：不需要和任何模块连接，只添加到模型中即可。

模块参数设置完毕以后，将所有模块连接起来，得到 Sinulink 仿真模型如图 9-6 所示。运行此模型，可得运行结果，如图 9-6 中 Display 所示。

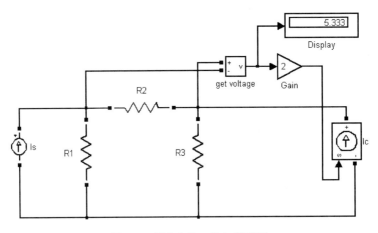

图 9-6　例 9-2 Simulink 模型图

9.1.2　动态电路

【例 9-3】　一阶电路的响应。

如图 9-7 所示电路，已知 $R_1 = 20\text{k}\Omega$，$R_2 = 20\text{k}\Omega$，$C_1 = 50\mu\text{F}$，$U_s = 10\text{V}$。当 $t < 0$ 时，开关 S 断开，电路已处于稳定状态；$t = 0$ 时，开关 S 闭合。求 $u_c(t)$ 并画出波形。

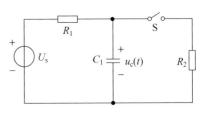

图 9-7　例 9-3 电路图

解：

（1）建立数学模型。

此题可用三要素公式求解，首先求电容初始电压。根据换路时电容电压不变的定律，得电容初始电压为

$$u_c(0_+) = u_c(0_-) = U_s \qquad (9\text{-}1)$$

然后求稳定值。

达到稳定时，电容可看成开路，于是得

$$u_c(\infty) = \frac{R_2}{R_1 + R_2} U_s \qquad (9\text{-}2)$$

时间常数

$$\tau = \frac{R_1 R_2}{R_1 + R_2} C \qquad (9\text{-}3)$$

最后用三要素公式可求得

$$u_c(t) = u_c(\infty) + [u_c(0_+) - u_c(\infty)]e^{-\frac{t}{\tau}}, \quad t \geqslant 0 \qquad (9\text{-}4)$$

（2）根据数学模型编写 M 文件进行仿真。

由电路分析可编写 M 文件如下：

```
clear, format compact
R1 = 20e3;R2 = 20e3;C = 50e - 6;Us = 10;      % 给电路元件赋值
t = 0:0.004:4;                                 % 设置时间数组
uc0 = Us;                                       % 计算出初始值 uc0
ucf = R2/(R1 + R2) * Us;                        % 计算出稳定值 ucf
T = (R1 * R2)/(R1 + R2) * C;                     % 计算出时间常数 T
uc = ucf + (uc0 - ucf) * exp( - t/T);            % 用三要素法求得 uc
disp('  uc0        ucf         T')               % 显示结果
disp([uc0,ucf,T])
plot(t,uc)                                        % 画出 uc 波形
axis([min(t),max(t),4,11])                        % 对坐标轴范围设置
grid,xlabel('t'),ylabel('uc')                     % 对坐标轴进行标注
```

程序运行结果如下：

```
uc0        ucf         T
10.0000    5.0000      0.5000
```

通过运行结果，可以写出 $u_c(t)$ 的瞬时表达式为

$$u_c(t) = 5 + 5e^{-2t}, \quad t \geqslant 0 \qquad (9\text{-}5)$$

仿真运行后，电容上的电压（$u_c(t)$）波形曲线如图 9-8 所示。

（3）根据电路图用 Simulink 进行仿真。

根据图 9-7 直接在 Simulink 内构建仿真模型。要选用的模块 DC Voltage Source 模块和 Voltage Measurement 模块在前面的例题中已介绍过。下面主要介绍 Series RLC Branch 模块、Breaker 模块和 Scope 模块。

- Series RLC Branch 模块通过下拉菜单设置

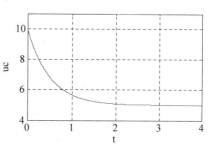

图 9-8 电容上的电压波形

成电容支路。双击该模块,在弹出的"参数设置"对话框中,首先将参数 Branch type 设置为 C,然后将参数 Capacitance 设置为电容的实际值(50e—6)。完成参数设置 之后,可以看到 Series RLC Branch 模块的图形发生相应变化,然后将电容改名 为 C1。

- Breaker 模块位于 SimPowerSystems 结点下的 Elements 模块库中。双击该模块, 在弹出的"参数设置"对话框中将参数 Breaker resistance Ron 设为默认,Initial state 设为 0(0 表示常开,1 表示常闭),Snubber resistance Rs 和 Snubber capacitance Cs 设为 inf(或全为 0),将 external control of switching times 的选项对号去掉,出现 Switching time 项,此项参数设置为 0。并将开关改名为 S。
- Scope 模块位于 Simulink 结点下的 Sinks 模块库中,用于显示输出图形,功能相当 于示波器。
- Powergui 模块:不需要和任何模块连接,只需添加到模型中即可。

新建 Simulink 模型文件,将所用的模块拖曳到文件中。模块参数设置完毕后,将所有 模块连接起来,将得到如图 9-9 所示的 Simulink 仿真模型。

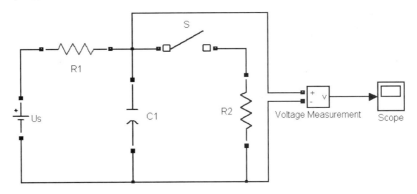

图 9-9　例 9-3 Simulink 模型图

模型仿真时间可设为 4s,以便观察输出图形。保存、运行此模型后,双击 Scope 可得到 如图 9-10 所示的输出波形。

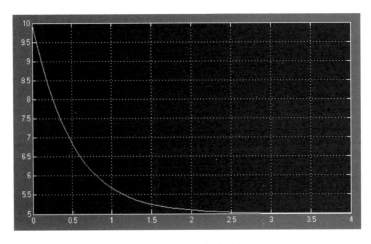

图 9-10　Scope 输出波形

9.1.3　正弦稳态电路

【**例 9-4**】　简单正弦稳态电路。

已知 RLC 串联电路如图 9-11 所示，其中 $R = 30\Omega$，$L = 12\text{mH}$，$C = 40\mu\text{F}$，$U = 220\sqrt{2}\cos314t\text{V}$。求 $u_c(t)$，并画出波形。

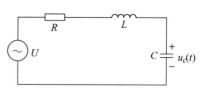

图 9-11　例 9-4 电路图

解:

（1）建立数学模型。

先求电路的阻抗，为

$$Z_1 = R \tag{9-6}$$

$$Z_2 = \text{j}\omega L \tag{9-7}$$

$$Z_3 = -\text{j}\frac{1}{\omega C} \tag{9-8}$$

总阻抗

$$Z = Z_1 + Z_2 + Z_3 \tag{9-9}$$

然后求电容两端电压 $u_c(t)$

$$\dot{U}_c = \frac{Z_3}{Z}\dot{U} \tag{9-10}$$

（2）根据数学模型编写 M 文件进行仿真。

根据对电路的分析编写 M 文件如下:

```
clear, format compact
w = 314;R = 30;C = 40e - 6;L = 12e - 3;U = 220 * sqrt(2);    % 给元件赋值
t = 0:1e - 3:0.1;                                           % 设置时间数组
Z1 = R;Z2 = j * w * L;Z3 = - j/(w * C);                     % 求阻抗
Z = Z1 + Z2 + Z3;
Uc = (Z3/Z) * U;                                            % 求电容电压
disp('   幅值 ')                                            % 显示结果
disp(abs(Uc))
disp('   相角 ')
disp(angle(Uc) * 180/pi)
uc = abs(Uc) * cos(w * t + angle(Uc));
plot(t,uc)                                                  % 画出 uc 波形
axis([min(t),max(t),min(uc),max(uc)])                       % 对坐标轴范围设置
grid,xlabel('t'),ylabel('uc')                               % 对坐标轴进行标注
```

程序运行结果如下:

```
幅值
303.6916
相角
- 21.5797
```

通过运行结果，可以写出 $u_c(t)$ 的表达式为

$$u_c(t) = 303.6916\cos(t - 21.5797°)$$

仿真结果显示电容上的电压($u_c(t)$)波形如图 9-12 所示。

（3）根据电路图用 Simulink 进行仿真。

新建一个 Simulink 模型文件，根据图 9-11 所示的电路图，将所用的模块分别拖曳到模型文件中。图中选用的 Voltage Measurement 模块和 Scope 模块方法同前。

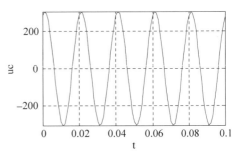

图 9-12　电容上的电压波形

- AC Voltage Source 模块，双击该模块，在弹出的"参数设置"对话框中将参数 Peak amplitude 设置为 220 * sqrt（2），Phase 设置为 90，Frequency 设置为 314/（2 * pi），并将交流电压源改名为 U。

- Series RLC Branch 模块设置成电感支路。双击该模块，在弹出的"参数设置"对话框中，首先将参数 Branch type 设置为 L，然后将参数 Inductance 设置为电容的实际值（12e−3）。完成参数设置后可以看到代表 Series RLC Branch 模块的图形发生相应变化，再将电感改名为 L。

- Powergui 模块：不需要和任何模块连接，只添加到模型中即可。

模块参数设置完毕以后，将所有模块连接起来，建成如图 9-13 所示的仿真模型。

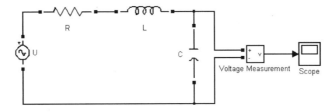

图 9-13　例 9-4 Simulink 模型图

此模型仿真时间设为 0.1s，以便观察输出图形。保存、运行此模型后，双击 Scope 可得到如图 9-14 所示的输出波形。

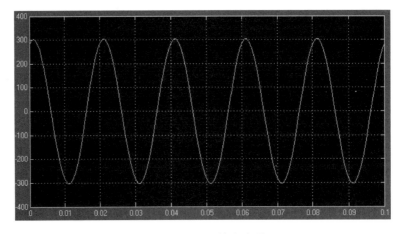

图 9-14　Scope 输出波形

【例 9-5】 含受控源的正弦稳态电路。

如图 9-15 所示的电路中，已知 $R=4\Omega$，$C=0.125\mathrm{F}$，控制参数 $k=0.5$，$I_\mathrm{s}=5\cos(4t+63.43°)\mathrm{A}$。求 $u_1(t)$ 瞬时表达式并画出波形。

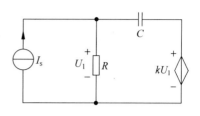

图 9-15　例 9-5 电路图

解：

（1）建立数学模型。

若求 $u_1(t)$ 瞬时表达式就必须用 M 文件编程方法。

列出结点方程如下：

$$\left(\frac{1}{R}+\mathrm{j}\omega C\right)\dot{U}_1 = \dot{I}_\mathrm{s}+k\mathrm{j}\omega C\dot{U}_1 \tag{9-11}$$

整理得

$$\dot{U}_1 = \frac{\dot{I}_\mathrm{s}}{\dfrac{1}{R}+(1-k)\mathrm{j}\omega C} \tag{9-12}$$

（2）根据数学模型编写 M 文件并进行仿真如下：

```
clear, format compact
w = 4;R = 4;C = 0.125;k = 0.5;I = 5 * exp(63.43j * pi/180);    % 给电路元件赋值
t = 0:0.05:5;                                                  % 设置时间组数
Y1 = 1/R;Y2 = j * w * C;                                       % 求导纳
Y = 1/(Y1 + (1 - k) * Y2);
U1 = Y * I;                                                    % 求电压
disp('    幅值 ')                                              % 显示结果
disp(abs(U1))
disp('    相角 ')
disp(angle(U1) * 180/pi)
u1 = abs(U1) * cos(w * t + angle(U1));
plot(t,u1)                                                    % 画出 u1 波形
axis([min(t),max(t),min(u1),max(u1)])                         % 对坐标轴进行设置
grid,xlabel('t'),ylabel('u1')                                 % 对坐标轴进行标注
```

程序运行结果如下：

```
幅值
14.1421
相角
18.4300
```

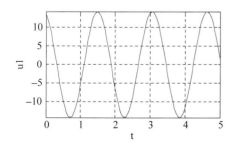

图 9-16　电阻上的电压波形

通过运行结果，可以写出 $u_1(t)$ 的表达式

$$u_1(t) = 14.1421\cos(4t+18.43°)\mathrm{V}$$

仿真运行显示，电阻上的电压（$u_1(t)$）波形如图 9-16 所示。

（3）根据本例电路图建立 Simulink 仿真模型，如图 9-17 所示。

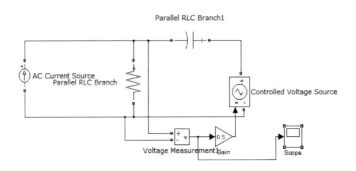

图 9-17   例 9-5 Simulink 仿真模型图

9.1.4   频率响应电路

【例 9-6】   一阶高通电路的频率响应。

图 9-18 所示是一阶 RC 高通电路,若以 $\dot{U}_2$ 为输出时,求频率响应函数,并画出幅频特性和相频特性。

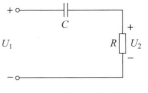

解：用 M 文件编程方法求幅频特性和相频特性。

（1）建立数学模型。

图 9-18   例 9-6 电路图

根据图 9-18 由分压公式求得频率响应函数为

$$H(\mathrm{j}\omega) = \frac{\dot{U}_2}{\dot{U}_1} = \frac{R}{R + \dfrac{1}{\mathrm{j}\omega C}} = \frac{1}{1 - \mathrm{j}\dfrac{1}{\omega RC}} = \frac{1}{1 - \mathrm{j}\dfrac{\omega_{\mathrm{c}}}{\omega}} \qquad (9\text{-}13)$$

式中,$\omega_{\mathrm{c}} = \dfrac{1}{RC}$ 为截止频率。

设无量纲频率 $\omega_\omega = \dfrac{\omega}{\omega_{\mathrm{c}}} = 0.1, 0.2, \cdots, 4$,可画出幅频响应和相频响应。

（2）根据模型编写 M 文件如下：

```
clear, format compact
ww = 0.1:0.2:4;                                % 设置频率数组 ww = w/wc
H = 1./(1 - j./ww);                            % 求复频率响应
subplot(2,2,1),plot(ww,abs(H)),               % 绘制幅频特性
grid,xlabel('ww'),ylabel('abs(H)')            % 对坐标轴进行标注
subplot(2,2,2),plot(ww,angle(H))              % 绘制相频特性
grid,xlabel('ww'),ylabel('angle(H)')          % 对坐标轴进行标注
subplot(2,2,3),semilogx(ww,20 * log10(abs(H))),   % 绘制对数频率特性
grid,xlabel('ww'),ylabel('分贝')              % 对坐标轴进行标注
subplot(2,2,4),semilogx(ww,angle(H))          % 绘制相频特性
grid,xlabel('ww'),ylabel('angle(H)')          % 对坐标轴进行标注
```

程序运行结果如图 9-19 所示。

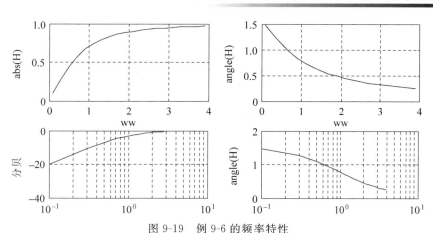

图 9-19　例 9-6 的频率特性

9.2　数字电路的仿真应用

数字信号便于存储、处理和传输,数字化已成为当今电子技术的发展潮流,数字电路是数字系统的重要组成部分。Simulink 为数字电路仿真提供了基本的逻辑运算模块和多种触发器模块。

本章对如何实现数字电路的仿真进行了详细介绍。建立仿真模型包含 4 个步骤:

① 根据实际功能需求建立真值表;

② 根据真值表列出逻辑表达式;

③ 根据逻辑表达式建立仿真模型;

④ 根据真值表设置模块参数。

9.2.1　编码器的设计

【例 9-7】　利用 Simulink 模块创建一个 4 线-2 线编码器的仿真模型。

解:

(1) 模型分析。

已知 4 个输入 2 位输出二进制编码器的真值表,如表 9-2 所列。

表 9-2　4 线-2 线编码器真值表

输　　　入				输　　出	
I_0	I_1	I_2	I_3	Y_1	Y_0
1	0	0	0	0	0
0	1	0	0	0	1
0	0	1	0	1	0
0	0	0	1	1	1

表 9-2 所列的编码器为高电平输入有效,因此,可由真值表得到如下逻辑表达式

$$Y_1 = \overline{I_0}\ \overline{I_1} I_2\ \overline{I_3} + \overline{I_0}\ \overline{I_1}\ \overline{I_2} I_3 \tag{9-14}$$

$$Y_0 = \overline{I_0} I_1\ \overline{I_2}\ \overline{I_3} + \overline{I_0}\ \overline{I_1}\ \overline{I_2} I_3 \tag{9-15}$$

(2) 创建仿真模型。

首先新建一个模型文件,根据逻辑表达式选用以下模块:

- Pulse Generator 模块：位于 Simulink 结点下的 Sources 模块库中，用于产生所需的原始脉冲序列。复制 4 个 Pulse Generator 模块到模型文件中，将它们分别命名为 I0、I1、I2 和 I3。分别双击各模块，设置参数。将参数 Pulse type 设置为 Time based，将参数 Time 设置为 Use simulation time，将参数 Amplitude 设置为 1，将参数 Period 设置为 4，将参数 Pulse Width 设置为 25，如图 9-20 所示。将 I0、I1、I2 和 I3 的参数 Phase delay 依次设置为 0、1、2 和 3，I1、I2、I3 的其他参数设置此例题与 I0 相同。

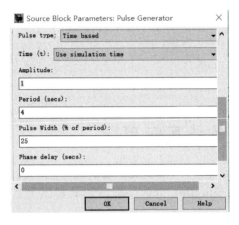

图 9-20　Pulse Width 模块设置

- Logical Operator 模块位于 Simulink 结点下的 Logic and Bit Operations 模块库中，如图 9-21 所示，用于实现逻辑表达式的运算。本例中需要使用 10 个 Logical Operator 模块，其中 4 个作为 NOT（非）模块，4 个作为 AND（与）模块，2 个作为 OR（或）块。通过设置模块中的 operator 的下拉菜单，可以设置为不同逻辑关系，如图 9-22 所示。

图 9-21　Logical Operator 模块

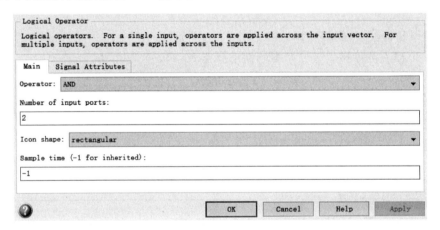

图 9-22　Logical Operator 模块参数设置

具体设置如下：

- 复制 4 个 Logical Operator 模块到文件中，将其分别命名为 N0、N1、N2 和 N3。双击各个模块，将参数 Operator 设置为 NOT。

- 复制 4 个 Logical Operator 模块到文件中,将它们分别命名为 A0、A1、A2 和 A3,双击各个模块,将参数 Operator 设置为 AND,将参数 Number of input ports 设置为 4。
- 复制 2 个 Logical Operator 模块到文件中,将它们分别命名为 Y0 和 Y1,双击各个模块,将参数 Operator 设置为 OR,将参数 Number of input ports 设置为 2。

选取 2 个 Scope 模块,分别命名 Scope 和 Scope1。分别将其坐标轴数设置为 2 和 4。

Scope 模块设置步骤如下:

双击 Scope 模块,将得到示波器输出界面,单击其工具栏的 按钮,弹出 Scope parameters 对话框,将 General 选项卡中的 Number of axes 设置为 2。同理,将 Scope1 模块的 Number of axes 设置为 4。

模块参数设置完毕后,将所有模块连接起来,得到仿真模型如图 9-23 所示。运行此模型后,双击 Scope1 可得到输入波形如图 9-24 所示,双击 Scope 可得到输出波形如图 9-25 所示。

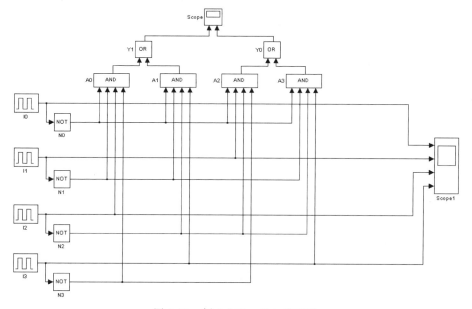

图 9-23　例 9-7 Simulink 模型图

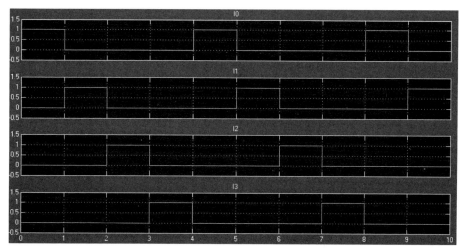

图 9-24　编码器输入波形图

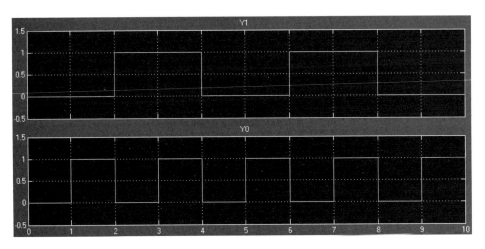

图 9-25　编码器输出波形图

9.2.2　译码器的设计

【例 9-8】 利用 Simulink 模块创建一个 2 线-4 线译码器的仿真模型。

解：

（1）模型分析。

2 线-4 线译码器功能真值表，如表 9-3 所列。

表 9-3　2 线-4 线译码器真值表

输　　入		输　　出			
A_1	A_0	Y_3	Y_2	Y_1	Y_0
0	0	0	0	0	1
0	1	0	0	1	0
1	0	0	1	0	0
1	1	1	0	0	0

由表 9-3 所示的译码器真值表可写出如下逻辑表达式：

$$Y_3 = A_1 A_0 \tag{9-16}$$

$$Y_2 = A_1 \overline{A_0} \tag{9-17}$$

$$Y_1 = \overline{A_1} A_0 \tag{9-18}$$

$$Y_0 = \overline{A_1}\, \overline{A_0} \tag{9-19}$$

（2）创建仿真模型。

新建立一个模型文件，根据逻辑表达式选用以下模块：

- Pulse Generator 模块：复制 2 个 Pulse Generator 模块到文件中，将其分别命名为 A0 和 A1。双击各个模块，将参数 Amplitude 设置为 1。

将 A1 中参数 Period 设置为 4，参数 Pulse Width 设置为 50，参数 Phase delay 设置为 2。

将 A0 中参数 Period 设置为 2，将参数 Pulse Width 设置为 50，将参数 Phase delay 设置为 1。

- Logical Operator 模块：本例需要使用 6 个 Logical Operator 模块，其中 2 个作为 NOT(非)模块和 4 个作为 AND(与)模块。具体设置参考例 9-7。
- Scope 模块：本例使用 2 个 Scope 模块，分别命名 Scope 和 Scope1，将其坐标轴数设置为 4 和 2。

模块参数设置完毕后，将所有模块连接起来，得到仿真模型如图 9-26 所示。仿真运行后，双击 Scope1，可得到输入波形如图 9-27 所示；双击 Scope，可得到输出波形如图 9-28 所示。

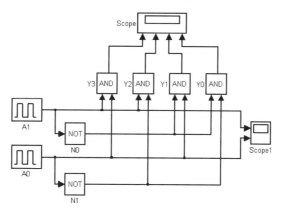

图 9-26　例 9-8 Simulink 模型图

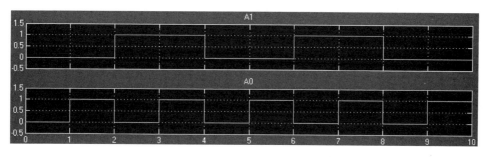

图 9-27　译码器输入波形图

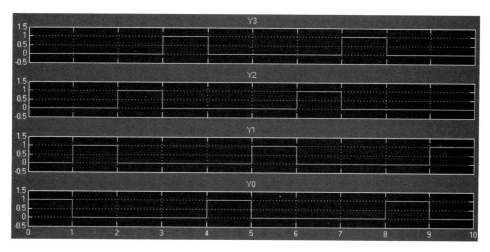

图 9-28　译码器输出波形图

9.2.3 数据选择器的设计

【例 9-9】 利用 Simulink 模块创建一个 4 选 1 数据选择器的仿真模型。

（1）模型分析。

4 选 1 数据选择器的功能真值表，如表 9-4 所列。

表 9-4　4 选 1 数据选择器真值表

输　　入			输　　出
E	A_1	A_0	Y
1	$\times$	$\times$	0
0	0	0	D0
0	0	1	D1
0	1	0	D2
0	1	1	D3

根据表 9-4，可写出如下逻辑表达式：

$$Y = \overline{E}(D_0\,\overline{A_1}\,\overline{A_0} + D_1\,\overline{A_1}A_0 + D_2 A_1\,\overline{A_0} + D_3 A_1 A_0) \tag{9-20}$$

（2）模型创建

新建一个模型文件，根据逻辑表达式需要选用以下模块：

- Pulse Generator 模块：复制 7 个 Pulse Generator 模块到新建模型中，将其分别命名为 E、A0 、A1、D0、D1、D2 和 D3。双击各个模块，调整其参数。

将 E、A0 、A1、D0、D1、D2 和 D3 中参数 Amplitude 设置为 1。

将 E 中参数 Period 设置为 20，参数 Pulse Width 设置为 5，参数 Phase delay 设置为 0。

将 A1 中参数 Period 设置为 4，参数 Pulse Width 设置为 50，参数 Phase delay 设置为 2。

将 A0 中参数 Period 设置为 2，参数 Pulse Width 设置为 50，参数 Phase delay 设置为 1。

将 D0、D1、D2 、D3 中参数 Period 设置分别为 1、0.5、0.25、0.125；将 D0、D1、D2 和 D3 中参数 Pulse Width 设置为 50；将参数 Phase delay 设置为 0。需要注意的是 D0、D1、D2 和 D3 模块的参数在本例中是任意设置的。

- Logical Operator 模块：本例中需要使用 8 个 Logical Operator 模块，其中 3 个作为 NOT（非）模块，4 个作为 AND（与）模块，1 个作为 OR（或）模块。

- Scope 模块：本例中使用 2 个 Scope 模块，分别命名为 Scope 和 Scope1。其坐标轴数设置为 5 和 3。

模块参数设置完毕后，将所有模块连接起来，得到仿真模型如图 9-29 所示。仿真运行，双击 Scope1，可得到控制端输入波形如图 9-30 所示；双击 Scope 可得到数据输入和输出波形如图 9-31 所示。

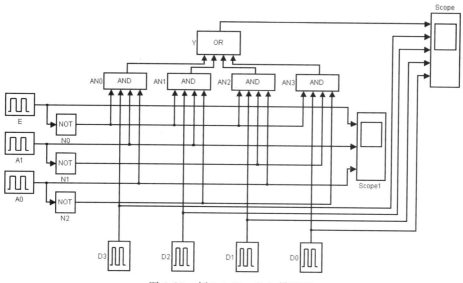

图 9-29　例 9-9 Simulink 模型图

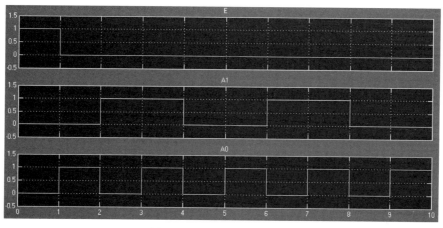

图 9-30　控制端输入波形图

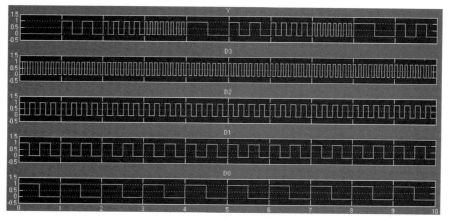

图 9-31　数据输入端和输出端波形图

9.2.4 加法器的设计

【**例 9-10**】 利用 Simulink 模块创建一个全加器的仿真模型。

（1）模型分析。

全加器的功能真值表，如表 9-5 所列。

表 9-5 全加器的真值表

输 入			输 出	
A	B	CI	S	CO
0	0	0	0	0
0	0	1	1	0
0	1	0	1	0
0	1	1	0	1
1	0	0	1	0
1	0	1	0	1
1	1	0	0	1
1	1	1	1	1

由表 9-5 可写出逻辑表达式如下：

$$S = \overline{A} \cdot \overline{B} \cdot CI + \overline{A} \cdot B \cdot \overline{CI} + A \cdot \overline{B} \cdot \overline{CI} + A \cdot B \cdot CI \tag{9-21}$$

$$CO = \overline{A} \cdot B \cdot CI + A \cdot \overline{B} \cdot CI + A \cdot B \cdot \overline{CI} + A \cdot B \cdot CI \tag{9-22}$$

化简后的逻辑表达式为

$$S = A \oplus B \oplus CI \tag{9-23}$$

$$CO = (A \oplus B)CI + AB \tag{9-24}$$

（2）模型搭建。

新建立一个模型文件。根据逻辑表达式需要选用以下模块：

- Pulse Generator 模块：复制 3 个 Pulse Generator 模块到模型中，将其命名为 A、B 和 CI。双击各个模块，调整其参数。

将 A 中参数 Period 设置为 8，参数 Pulse Width 设置为 50，参数 Phase delay 设置为 4。

将 B 中参数 Period 设置为 4，参数 Pulse Width 设置为 50，参数 Phase delay 设置为 2。

将 CI 中参数 Period 设置为 2，参数 Pulse Width 设置为 50，参数 Phase delay 设置为 1。

- Logical Operator 模块：本例中需要使用 5 个 Logical Operator 模块，其中 2 个作为 XOR（异或）模块，2 个作为 AND（与）模块，1 个作为 OR（或）模块。

- Scope 模块：本例中使用 2 个 Scope 模块，分别命名为 Scope 和 Scope1。分别将其 坐标轴数设置为 2 和 3。

模块参数设置后，将所有模块连接起来，将得到仿真模型如图 9-32 所示。仿真运行后，双击 Scope1，可得到输入波形如图 9-33 所示；双击 Scope 可得到输出波形如图 9-34 所示。

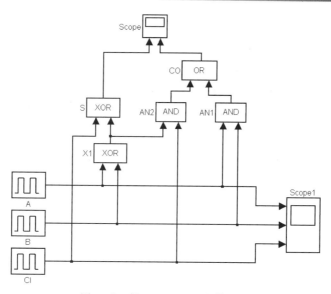

图 9-32　例 9-10 Simulink 模型图

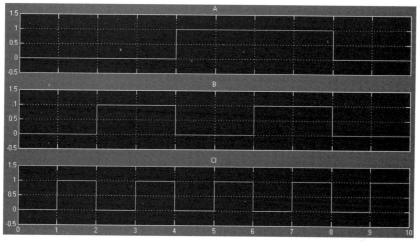

图 9-33　全加器输入波形图

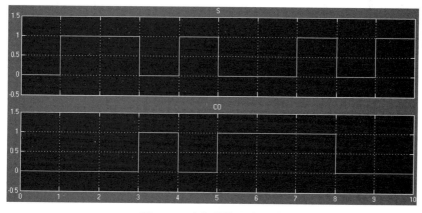

图 9-34　全加器输出波形图

习题 9

9-1   如图 9-35 所示的电路,已知 $U_s = 4\mathrm{V}$, $I_s = 4\mathrm{A}$, $R_1 = 3\Omega$, $R_2 = 5\Omega$, 求电路中的电压 U。

9-2   如图 9-36 所示电路,已知 $I_s = 2\mathrm{A}$, $R_1 = 1\Omega$, $R_2 = 2\Omega$, 求电路中的电压 U。

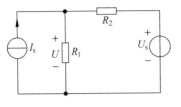   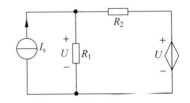

图 9-35   习题 9-1 电路图   图 9-36   习题 9-2 电路图

9-3   二阶低通电路如图 9-37 所示,若以 $\dot{U}_2$ 为输出时,求频率响应函数,并画出幅频特性和相频特性。

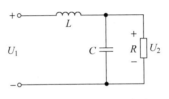

图 9-37   习题 9-3 电路图

9-4   利用 Simulink 模块创建一个 3 线-8 线译码器的仿真模型。

9-5   利用 Simulink 模块创建一个 8 选 1 数据选择器的仿真模型。

9-6   利用 Simulink 模块创建一个半加器的仿真模型。

第10章 MATLAB 在信号与系统中的仿真应用

CHAPTER 10

信号与系统是电子信息、通信工程及自动化等专业本科学生的必修课程,也是学习信号处理与分析的关键课程。用 MATLAB 软件帮助完成信号与系统的分析,可更快速、准确、形象、直观地得到可视化模拟与仿真,实现最佳教学效果。

10.1 连续信号及仿真运算

【例 10-1】 连续信号的 MATLAB 描述。

列出单位阶跃、复指数函数、符号函数和 sinc 函数连续函数的表达式。

解:

(1) 单位阶跃函数(如图 10-1 所示)。

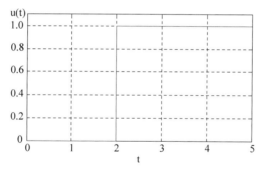

图 10-1 单位阶跃信号

在 $t = t_1$ 处跃升的阶跃函数可写成 $u(t-t_1)$,定义为

$$u(t - t_1) = \begin{cases} 1, & t > t_1 \\ 0, & t < t_1 \end{cases} \tag{10-1}$$

程序如下:

```
clear, format compact
ts = -5;t0 = 0;tf = 5;t1 = 2;dt = 0.05;        % 赋初始值
% 信号从 t0 到 tf,在 t1 前为 0,到 t1 处有一跃变,以后为 1
t = [t0:dt:tf];                                % 定义信号 x1 的时间范围向量
st = length(t);                                % 计算时间长度
n1 = floor((t1 - t0)/dt);                      % 求 t1 对应的样本序号
```

```
x1 = zeros(1,st);                              % 把全部信号初始化为 0
x1 = [zeros(1,n1),ones(1,st - n1)];            % 产生阶跃信号
figure(1),stairs(t,x1)                         % 绘图
axis([0,5,0,1.1])                              % 设置坐标轴,为了使信号顶部避开图框
grid,xlabel('t'),title('单位阶跃信号')          % 对坐标轴和信号进行标注
```

（2）复指数函数（如图 10-2 所示）。

$$x(t) = e^{(u+j\omega)t} \tag{10-2}$$

若 $\omega=0$，它是实函数；若 $u=0$，则为虚指数函数，其实部为余弦函数，虚部为正弦函数。

```
u = - 0.3;w = 5;t = linspace( - 5,5);          % 定义信号 x2 时间范围向量
x2 = exp((u + j * w) * t) ;                     % 产生复信号
subplot(1,2,1),plot(t,real(x2))                % 绘图
grid,xlabel('t'),title('real part')            % 对坐标轴和信号进行标注
subplot(1,2,2),plot(t,imag(x2))                % 绘图
grid,xlabel('t'),title('imaginaty part')       % 对坐标轴和信号进行标注
```

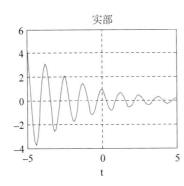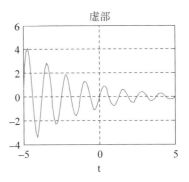

图 10-2　复指数函数信号

（3）符号函数（sign 或 sgn 函数，如图 10-3 所示）。

$$\text{sgn}(t) = \begin{cases} 1, & t > 0 \\ 0, & t = 0 \\ -1, & t < 0 \end{cases} \tag{10-3}$$

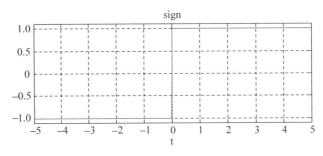

图 10-3　符号函数

符号函数能够将函数的符号析离出来。

```
t = - 5:0.01:5;
x3 = sign(t);                                  % 计算符号函数
```

```
plot(t,x3)                        % 绘图
axis([-5,5,-1.1,1.1])             % 设置坐标轴,为了使信号顶部避开图框
grid,xlabel('t'),title('sign')    % 对坐标轴和信号进行标注
```

（4）sinc 函数（如图 10-4 所示）。

$$\text{sinc}(t) = \begin{cases} 1, & t = 0 \\ \dfrac{\sin(\pi t)}{\pi t}, & t \neq 0 \end{cases} \tag{10-4}$$

sinc 函数在信号分析中十分重要,它的傅里叶变换正好是幅值为 1 的矩形波。

```
t = -5:0.01:5;
x4 = sinc(t);                     % 计算 sinc 函数
plot(t,x4)                        % 绘图
axis([-5,5,-0.3,1.1])             % 设置坐标轴,为了使信号顶部避开图框
grid,xlabel('t'),title('sinc')    % 对坐标轴和信号进行标注
```

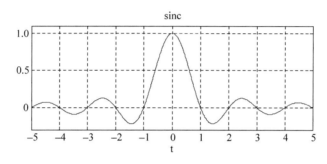

图 10-4 sinc 函数

【例 10-2】 LTI 线性时不变系统的冲激响应和阶跃响应。

已知系统的输入输出微分方程为

$$2\frac{\mathrm{d}^2 y(t)}{\mathrm{d}t^2} + 3\frac{\mathrm{d}y(t)}{\mathrm{d}t} + 5y(t) = 2\frac{\mathrm{d}x(t)}{\mathrm{d}t} + x(t)$$

求单位冲激响应和阶跃响应。

解：编写 M 文件如下：

```
clear, format compact
a = [2,3,5];b = [2,1];            % 赋初始值
figure(1),impulse(b,a)            % 绘制冲激响应
grid on
figure(2),step(b,a)               % 绘制阶跃响应
grid on
```

运行程序,冲激响应波形如图 10-5 所示,阶跃响应波形如图 10-6 所示。

【例 10-3】 LTI 系统的零状态响应。

已知系统的输入输出微分方程为

$$\frac{\mathrm{d}^2 y(t)}{\mathrm{d}t^2} + 3\frac{\mathrm{d}y(t)}{\mathrm{d}t} + 2y(t) = \frac{\mathrm{d}x(t)}{\mathrm{d}t} + 2x(t)$$

若 $x(t) = \sin\left(\dfrac{2\pi}{T}t\right)\varepsilon(t)$,周期 $T = 1\text{s}$,求零状态响应。

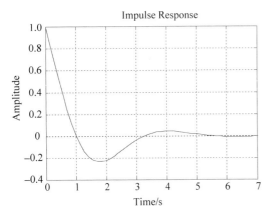

图 10-5　系统冲激响应

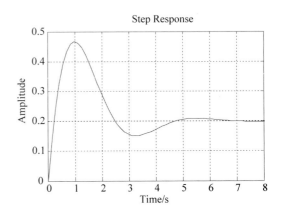

图 10-6　系统阶跃响应

解：编写 M 文件如下：

```
clear, format compact
a = [1,3,2];b = [1,2];              % 赋初始值
t = 0:0.05:4;
x = sin(2 * pi * t). * ones(1,length(t));
lsim(b,a,x,t),grid                  % 绘制零状态响应
```

运行程序,零状态响应波形如图 10-7 所示。

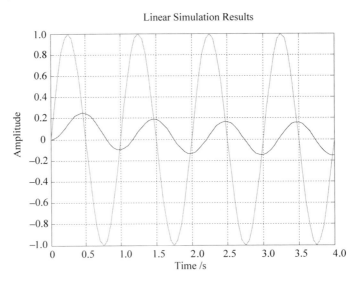

图 10-7　系统的零状态响应

【例 10-4】 LTI 系统的全响应。

已知系统的输入输出微分方程为

$$\frac{\mathrm{d}^2 y(t)}{\mathrm{d}t^2} + 5\frac{\mathrm{d}y(t)}{\mathrm{d}t} + 6y(t) = 2\frac{\mathrm{d}x(t)}{\mathrm{d}t} + x(t)$$

若

$$x(t) = 6\varepsilon(t), \quad y'(0_-) = 10, \quad y(0_-) = 0$$

求 $y(t)$ 的零状态响应、零输入响应和全响应。

解：编写 M 文件如下：

```
clear, format compact
a = [1,5,6];b = [2,1];y0 = [10,0];                        % 赋初始值
n = length(a) - 1;                                         % 计算特征根数目
t = 0:0.04:4;                                              % 设置时间数组
p = roots(a);v = rot90(vander(p));c = inv(v) * rot90(y0);  % 求零输入时的特征根和系数
yzi = zeros(1,length(t));                                  % 初始化输出信号
for k = 1:n
    yzi = yzi + c(k) * exp(p(k) * t);
end                                                        % 求零输入响应
x = 6 * ones(1,length(t));                                 % 给出输入信号
yzs = lsim(b,a,x,t);                                       % 求零状态响应
y = yzi + yzs';                                            % 求全响应
plot(t,yzi,' - . ',t,yzs,' -- ',t,y,' - ');                % 绘图
legend('zero input','zero state','complete respose')       % 标注图例
grid
```

程序运行后，输出波形如图 10-8 所示。

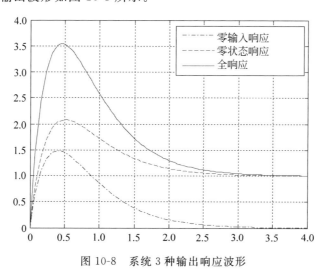

图 10-8 系统 3 种输出响应波形

【例 10-5】 绘制信号的时域波形、频谱及功率谱密度。

信号 $x(t) = \sin(100\pi t) + \sin(240\pi t)$ 受到一个高斯白噪声的干扰（$0 < t \leqslant 0.6$），求其 FFT 变换。

解：编写 M 文件如下：

```
clear, format compact
t = 0:0.001:0.6;                        % 设置时间组,对信号 0.6s 的波形以 1kHz 的速率
                                        % 进行采样
x = sin(2 * pi * 50 * t) + sin(2 * pi * 120 * t);  % 给出未被干扰的输入信号
y = x + 2 * randn(size(t));             % 信号加噪声
figure(1),plot(1000 * t(1:50),y(1:50)); % 绘制加噪声信号
```

```
grid on
title('受到干扰信号的时域波形');          % 标注标题
xlabel('时间(ms)')                      % 标注坐标轴
Y = fft(y,512);                         % 进行 512 点的 FFT 计算
P = Y. * conj(Y)/512;                   % 信号的功率谱
f = 1000 * (0:256)/512;                 % 原始信号模拟频率(f = Fs * k/N),并规范化
figure(2),plot(f,P(1:257));             % 绘制频谱,非分贝显示
grid on
title('信号频谱')                        % 标注标题
xlabel('频率(Hz)')                       % 标注坐标 x 轴
```

运行程序,信号时域波形如图 10-9 所示,信号频谱如图 10-10 所示。

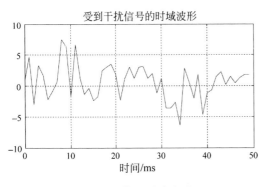

图 10-9　信号时域波形

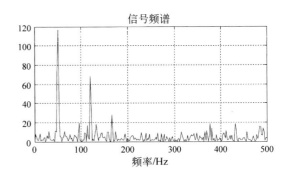

图 10-10　信号频谱

若绘制混合信号 y 的功率谱密度函数,可用如下语句完成,绘制结果如图 10-11 所示。

```
window = boxcar(length(x));
periodogram(y,window,512,1000)     % 绘制 PSD 估计图
```

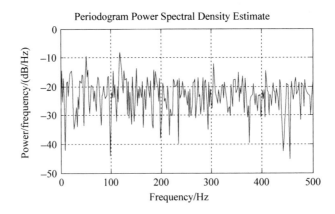

图 10-11　采用 periodogram 函数计算的功率谱(PSD)

【例 10-6】　计算两个周期信号的互相关函数并画出曲线。

解：编写 M 文件如下：

```
N = 1000;
n = 0:N - 1;
Fs = 500;          % 采样频率
```

```
t = n/Fs;            % 步长
lag = 200;           % 横坐标序列
x = sin(40 * pi * t);
y = 4 * sin(50 * pi * t + pi/2);
[c, lags] = xcorr(x, y, lag, 'unbiased');    % 求 x 与 y 的互相关函数, 输出包含横坐标序列 lags
                                             % 'unbiased' 是无偏差估计
subplot(3,1,1);plot(t,x);
xlabel('t');ylabel('x(t)');title('x(t)')
subplot(3,1,2);plot(t,y);
xlabel('t');ylabel('y(t)');title('y(t)');
subplot(3,1,3);plot(lags/Fs,c);
xlabel('t');ylabel('Rxy(t)');title('Rxy(t)');grid;
```

程序运行结果如图 10-12 所示。

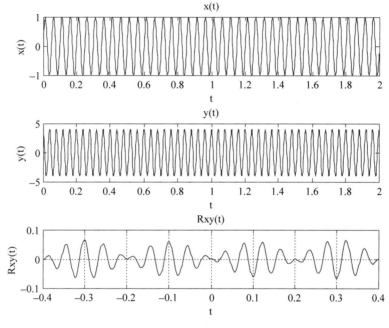

图 10-12　原始信号及互相关函数

【例 10-7】　有正弦信号,求混有白噪声干扰的混合信号的自相关函数,并画出混合信号和自相关函数曲线。

解：编写 M 文件如下：

```
N = 1000;
n = 0:N - 1;
Fs = 500;
t = n/Fs;
lag = 100;
x = 3 * sin(20 * pi * t) + 5 * randn(1,length(t));    % 混合信号
[c, lags] = xcorr(x, lag, 'unbiased');                % 求 x 的自相关函数
subplot(2,1,1);plot(t,x);
xlabel('t');ylabel('x(t)');title('x(t)');
subplot(2,1,2);plot(lags/Fs,c);
```

```
xlabel('t');ylabel('Rx(t)');title('Rx(t)');
```

程序运行结果如图 10-13 所示。

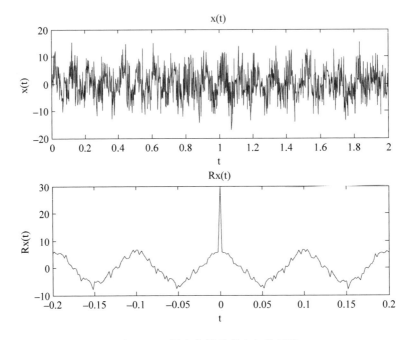

图 10-13　混合信号及其自相关函数

由混合信号波形可以看出，时域信号已经完全被噪声信号淹没。但经过自相关计算，可以明显看出正弦信号的周期 $T=0.1$s。另外，由自相关函数波形可以看出，0 位置的尖峰是由白噪声产生，因为白噪声具有冲激形式的自相关函数。

10.2　线性时不变系统的模型之间转换

【例 10-8】　由系统传递函数转换为状态空间模型。

将系统 $H(s)=\dfrac{\left[\dfrac{2s+5}{s^2+2s+1}\right]}{s^2+0.5s+1}$ 转换成状态空间形式。

解：编写 M 文件如下：

```
clear, format compact
num = [0,2,5;1,2,1];              % 分子系数
den = [1,0.5,1];                  % 分母系数
[A,B,C,D] = tf2ss(num,den)        % 传递函数转换为状态空间
```

程序运行结果如下：

```
A =
   - 0.5000   - 1.0000
    1.0000        0
B =
```

```
        1
        0
C =
    2.0000    5.0000
    1.5000        0
D =
        0
        1
```

根据系数 A、B、C 和 D 可写出状态空间形式如下

$$\dot{x} = Ax + Bu$$
$$y = Cx + Du$$

【例 10-9】　由系统传递函数转换为零极点增益模型。

将系统 $H(s) = \dfrac{2s^2 - 5s + 3}{2s^3 + 3s^2 + 5s + 9}$ 转换成零极点增益模型形式。

解：编写 M 文件如下：

```
clear, format compact
num = [2, - 5,3];                    % 给出分子系数
den = [2,3,5,9];                     % 给出分母系数
[z,p,k] = tf2zp(num,den)             % 传递函数转换为零极点
```

程序运行结果如下：

```
z =
    1.5000
    1.0000
p =
  - 1.6441
    0.0721 + 1.6528i
    0.0721 - 1.6528i
k =
    1
```

根据结果写出极点增益模式形式如下：

$$H(s) = \frac{(s - 1.5)(s - 1)}{(s + 1.6441)(s - 0.0721 - 1.6528i)(s - 0.0721 + 1.6528i)}$$

习题 10

10-1　已知系统的输入输出微分方程为

$$\frac{dy(t)}{dt} + 3y(t) = 2x(t)$$

求单位冲激响应和阶跃响应。

10-2　已知系统的输入输出微分方程为

$$\frac{d^2y(t)}{dt^2} + 4\frac{dy(t)}{dt} + 3y(t) = x(t)$$

若 $x(t)=6\varepsilon(t)$，求其零状态响应。

10-3　已知系统的输入输出微分方程为

$$\frac{\mathrm{d}y(t)}{\mathrm{d}t}+2y(t)=x(t)$$

若 $x(t)=\varepsilon(t)$，$y'(0_-)=-1$，$y(0_-)=0$，求其全响应。

10-4　将系统 $H(s)=\dfrac{s+3}{s^4+4s^3+16s^2+12s}$ 转换成状态空间形式和零极点增益模型形式。

10-5　已知描述系统的微分方程为

$$y'''+5y''+7y'+3y=u''+3u'+2u$$

求出它的传递函数模型、零极点增益模型和状态空间模型。

第 11 章

MATLAB 在数字信号处理及滤波器中的应用

数字信号处理在越来越多的应用领域中迅速替代了传统的模拟信号处理方法,广泛地应用于通信、信号处理、生物医学、自动控制等领域。数字信号处理课程是一门理论与实践紧密结合的课程。通过大量上机训练,有助于巩固理论知识的学习,并提高分析问题和解决问题的能力。运用 MATLAB 强大的运算和图形显示功能,可使数字信号处理工作变得简单、直观。本章介绍 MATLAB 软件在数字信号处理和滤波技术中的应用。

11.1 离散信号的运算

【例 11-1】 信号相加。

已知序列 $x_1(k) = \{2,3,1,-1,3,4,2,1,-5,-3\}$,$n_1 = [-5,-4,-3,-2,-1,0,1,2,3,4]$;序列 $x_2(k) = \{1,1,1,1,1,1,1,1,1,1\}$,$n_2 = [0,1,2,3,4,5,6,7,8,9]$,求两个序列之和。

解:编写 M 文件如下:

```
clear, format compact
n1s = - 5;n1f = 4;                              % 给出序列 x1 的起始时间和终止时间
n1 = [n1s:n1f];                                 % 给出序列 x1 的时间数组
x1 = [2,3,1, - 1,3,4,2,1, - 5, - 3];            % 给出序列 x1 不同时间的幅值
n2s = 0;n2f = 9;                                % 给出序列 x2 的起始时间和终止时间
n2 = [n2s:n2f];                                 % 给出序列 x2 的时间数组
x2 = [1,1,1,1,1,1,1,1,1,1];                     % 给出序列 x2 不同时间的幅值
ns = min(n1s,n2s);nf = max(n1f,n2f);            % 求出新序列的起始时间和终止时间
n = ns:nf;                                      % 给出新序列的时间数组
x1f = zeros(1,length(n));                       % 初始化延拓序列
x2f = zeros(1,length(n));
x1f(find((n> = n1s)&(n< = n1f) == 1)) = x1;      % 给延拓序列 x1f 赋值 x1
x2f(find((n> = n2s)&(n< = n2f) == 1)) =  x2;     % 给延拓序列 x2f 赋值 x2
xsum = x1f + x2f;                               % 求两个序列之和
subplot(3,1,1),stem(n,x1f,'.');                % 绘制延拓后为 x1
axis([ - 5,10, - 5.5,4.5]);                     % 对坐标轴进行设置
ylabel('X1');                                  % 标注坐标轴
subplot(3,1,2),stem(n,x2f,'.');                % 绘制延拓后为 x2
axis([ - 5,10,0,1.5]);                          % 对坐标轴进行设置
ylabel('X2');                                  % 标注坐标轴
subplot(3,1,3),stem(n,xsum,'.');               % 绘制两个序列之和
```

```
axis([ − 5,10, − 4.5,5.5]);                  % 对坐标轴进行设置
ylabel('Xsum = X1 + X2');                    % 标注坐标轴
```

程序运行后,两序列之和如图 11-1 所示。

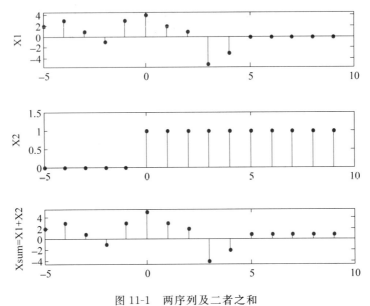

图 11-1　两序列及二者之和

【例 11-2】　序列翻褶。

求序列 $x(n) = e^{-0.1n}$ 的翻褶序列 $y(n) = x(-n)$。

解：编写 M 文件如下：

```
clear, format compact
n = 0:10;                                    % 设置序列 x(n)时间数组
x = exp( − 0.1 * n);                         % 给出序列 x(n)
y = fliplr(x);                               % 将序列 x(n)翻褶
n1 = − fliplr(n);                            % 将时间序列翻褶
subplot(2,1,1);stem(n,x);                    % 绘制序列 x(n)
xlabel('n'),ylabel('x(n)');                  % 标注坐标轴
subplot(2,1,2);stem(n1,y);                   % 绘制翻褶序列
xlabel('n'),ylabel('y(n) = x( − n)');        % 标注坐标轴
```

程序运行后,序列翻褶结果如图 11-2 所示。

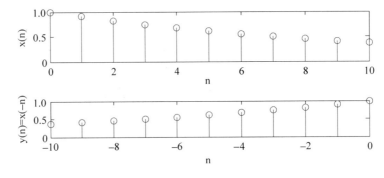

图 11-2　原序列及其翻褶序列

11.2 傅里叶变换与 Z 变换

【例 11-3】 傅里叶变换。

求复指数 $x(n)=(0.9\mathrm{e}^{\mathrm{j}\pi/2})^n, 0{\leqslant}n{\leqslant}10$ 的离散傅里叶变换。

解：编写 M 文件如下：

```
clear, format compact
n = 0:10;                                    % 设置时间数组
x = (0.9 * exp(j * pi/2)).^n;                % 给出序列 x(n)
k = - 200:200;w = (pi/100) * k;
X = x * (exp( - j * pi/100)).^(n' * k);      % 傅里叶变换
subplot(2,1,1);plot(w/pi,abs(X));grid;       % 绘图
axis([ - 2,2,0,7]);                          % 对坐标轴进行设置
title('Magnititude part');                   % 标注图名
subplot(2,1,2);plot(w/pi,angle(X)/pi);grid   % 绘图
axis([ - 2,2, - 1,1]);                       % 对坐标轴进行设置
title('Angle part');                         % 标注图名
```

程序运行后，函数的离散傅里叶变换结果如图 11-3 所示。

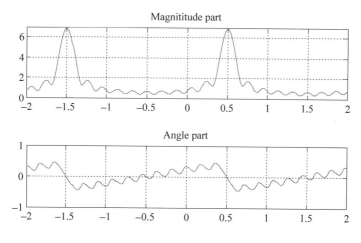

图 11-3 傅里叶变换

【例 11-4】 逆 Z 变换。

已知，$X(z)=\dfrac{3z}{z^2-z-2}, |z|>2$，求 $x(n)$。

解：先将 $X(z)$ 按 z^{-1} 的升幂排列，得

$$X(z) = \frac{3z}{z^2 - z - 2} = \frac{3z^{-1}}{1 - z^{-1} - 2z^{-2}} \tag{11-1}$$

编写 M 文件如下：

```
clear, format compact
b = [0,3];
a = [1, - 1, - 2];
```

```
[r,p,k] = residuez(b,a)                            % r、p 和 k 分别是留数、极点和直项
```

程序运行结果如下：

```
r =
     1
   - 1
p =
     2
   - 1
k =
    [ ]
```

根据 r、p、k 值，写出变形后的表达式为：

$$X(z) = \frac{1}{1 - 2z^{-1}} - \frac{1}{1 + z^{-1}} + k \tag{11-2}$$

根据式(11-2)可写出逆 Z 变换如下：

$$x(n) = (2)^n - (-1)^n \quad n = 0,1,2,\cdots$$

11.3 FIR 数字滤波器的设计

【例 11-5】 用 Hanning 窗设计一个满足下列指标的 FIR(有限脉冲响应)低通滤波器，其中，

$$\omega_p = 0.3\pi, \quad \omega_s = 0.4\pi, \quad R_p = 3\text{dB}, \quad R_s = 40\text{dB}$$

解：编写 M 文件如下：

```
clear, format compact
wp = 0.3 * pi; ws = 0.4 * pi;                       % 设置参数
ww = ws - wp;                                       % 计算过渡带宽
M = ceil(8 * pi/ww);                                % 计算滤波器长度
wc = (wp + ws)/2;                                   % 截止频率
window = hanning(M + 1);
b = fir1(M,wc/pi,window);                           % 求滤波器系数
freqz(b,1,512)                                      % 绘制数字滤波器频率响应
```

程序运行结果如图 11-4 所示。

【例 11-6】 设计一个 24 阶 FIR 带通滤波器，通带范围为 0.3～0.6。

解：编写 M 文件如下：

```
clear, format compact
w = [0.3 0.6];
b = fir1(24,w);
freqz(b);                                           % 绘制滤波器的频率响应曲线
figure;
stem(b,'.');
line([0,25],[0,0]);xlabel('n');ylabel('h(n)');      % 绘制单位冲激响应序列,并标注 x,y 轴
```

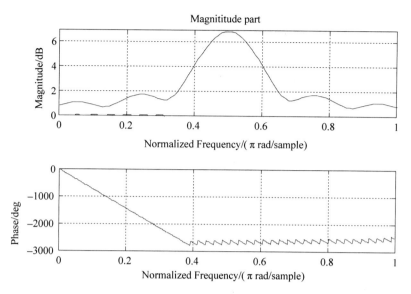

图 11-4　采用 Hanning 窗设计的低通 FIR 滤波器频率响应

程序运行结果如图 11-5 和图 11-6 所示。

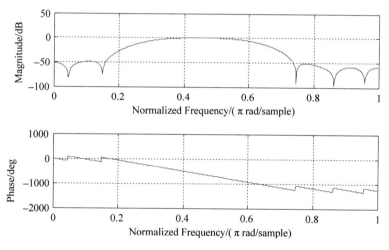

图 11-5　带通滤波器的频率响应

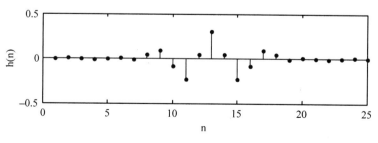

图 11-6　单位冲激响应

11.4　IIR 数字滤波器的设计

【例 11-7】　对采样率为 1kHz 的采样信号，设计一个 IIR（无限脉冲响应）9 阶高通 Butterworth 滤波器，截止频率为 200Hz。

解：编写 M 文件如下：

```
clear, format compact
Fs = 1000; n = 9; Fh = 200; N = 128;
Wn = Fh/(Fs/2);
[b,a] = butter(n,Wn,'high');
freqz(b,a,N,Fs);
axis([0 500 -400 100]);
```

程序运行结果如图 11-7 所示。

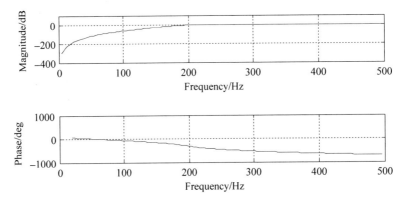

图 11-7　Butterworth 高通滤波器的频率特性

【例 11-8】　对于采样率为 1kHz 的采样信号，设计一个阶数为 9 阶、截止频率为 300Hz 的低通 Chebyshev Ⅰ 数字滤波器，其中滤波器通带的纹波为 0.5dB。

解：编写 M 文件如下：

```
clear, format compact
Fs = 1000; n = 9; Fl = 300; N = 512; Rp = 0.5
Wn = Fl/(Fs/2);
[b,a] = cheby1(n,Rp,Wn);
freqz(b,a,N,Fs);
axis([0 500 -300 100]);
```

程序运行结果如图 11-8 所示。

【例 11-9】　设计一个 8 阶 IIR 带通滤波器，利用该带通滤波器完成对混合信号的滤波，混合信号为：$s(t) = \sin(2f_1 t) + \sin(2f_2 t) + \sin(2f_3 t)$，其中，$f_1 = 5\,\text{Hz}$，$f_2 = 15\,\text{Hz}$，$f_3 = 30\,\text{Hz}$。要求所设计的带通滤波器能将频率为 15Hz 的信号选择出来。

解：根据设计要求，选该 IIR 带通滤波器的上限截止频率为 10Hz，下限截止频率为 20Hz，利用切比雪夫（Chebyshev）滤波器实现带通滤波。

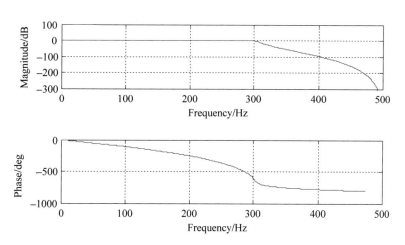

图 11-8　Chebyshev Ⅰ 低通滤波器的频率特性

（1）根据题意，写出混合信号，程序如下：

```
fs = 100;                         % 采样频率
t = (1:100)/fs;                   % 混合信号的时间范围
s1 = sin(2 * pi * 5 * t);
s2 = sin(2 * pi * 15 * t);
s3 = sin(2 * pi * 30 * t);
s = s1 + s2 + s3;
subplot(221)
plot(t,s)
xlabel('time/s','fontsize',8)
```

程序运行结果如图 11-9 所示。

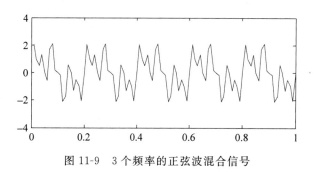

图 11-9　3 个频率的正弦波混合信号

（2）产生一个 8 阶的 IIR 带通滤波器，上限截止频率为 10Hz，下限截止频率为 20Hz，程序如下：

```
wn = [10 20];
[b,a] = cheby2(8,40,[10 20] * 2/fs);    % 用 Chebyshev Ⅱ 设计 IIR 滤波器
[H,w] = freqz(b,a,512);                 % 求滤波器的幅频响应
subplot(222)
plot(w * fs/(2 * pi),abs(H));           % 画滤波器的幅频特性
```

程序运行结果如图 11-10 所示。

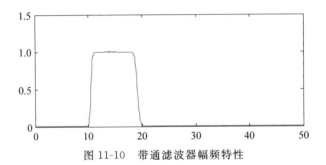

图 11-10　带通滤波器幅频特性

（3）对混合信号进行滤波，选择出 15Hz 的信号，程序如下：

```
sf = filter(b,a,s);                  % 对混合信号进行滤波
subplot(223)
plot(t,sf);                          % 画滤波后的时域信号
xlabel('Time(seconds)','fontsize',8);
```

程序运行结果如图 11-11 所示。

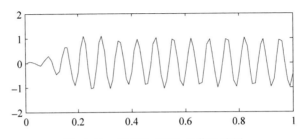

图 11-11　频率为 15Hz 的信号波形

（4）画出滤波前后信号的频谱图，程序如下：

```
S = fft(s,512);                      % 混合信号的傅里叶变换
SF = fft(sf,512);                    % 滤波后信号的傅里叶变换
w = ((0:255)/512) * fs;              % 设定横轴的频率范围
subplot(224)
plot(w,abs(S(1:256)),':')            % 画混合信号的幅频特性
hold on                              % 保留上面的图形
plot(w,abs(SF(1:256)));              % 画滤波后信号的幅频特性
xlabel('Frequency(Hz)','fontsize',8);
```

程序运行结果如图 11-12 所示。

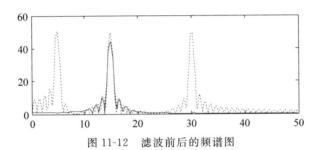

图 11-12　滤波前后的频谱图

（5）本例中使用了 subplot 绘图命令，所以 4 段程序若连起来运行，产生如图 11-13 所示的 4 个图形。

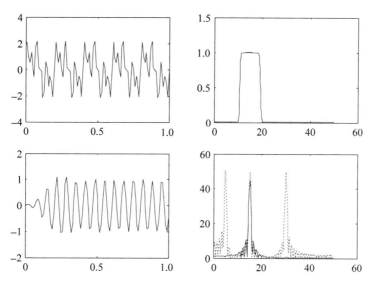

图 11-13　混合信号通过 IIR 带通滤波器前后的时域与频域波形

【例 11-10】　离散系统建模及仿真。

下面以数字滤波器系统为例，介绍线性离散系统的仿真建模及结果输出。

数字滤波器可以对系统输入的信号进行数字滤波。下面给出一个低通数字滤波器的差分方程描述：

$$y(n) - 1.6y(n-1) + 0.7y(n-2) = 0.04u(n) + 0.08u(n-1) + 0.04u(n-2)$$

其中，$u(n)$ 为滤波器的输入；$y(n)$ 为滤波器的输出。由线性系统的定义可知，此低通数字滤波器为一线性离散系统。线性离散系统往往在 z 域进行描述，由滤波器系统的差分方程可获得其 Z 变换域描述：

$$\frac{Y(z)}{U(z)} = \frac{0.04 + 0.08z^{-1} + 0.04z^{-2}}{1 - 1.6z^{-1} + 0.7z^{-2}}$$

解：

（1）建立数字滤波器系统模型。

这里使用简单的通信系统说明低通数字滤波器的功能。在此系统中，发送方首先使用高频正弦波对一个低频锯齿波进行幅度调制，然后在无损信道中传递此幅度调制信号；接收方在接收到幅度调制信号后，先对其进行解调，然后使用低通数字滤波器对解调后的信号进行滤波，以获得低频锯齿波信号。

建立此系统模型所需要的系统模块主要有如下 4 个模块：

- Sources 模块库中的 Sine Wave 模块。用来产生高频载波信号 Carrier 与解调信号 Carrier1。
- Sources 模块库中的 Signal Generator 模块。用来产生低频锯齿波信号 sawtooth。
- Discrete 模块库中的 Discrete Filter 模块。用来表示数字滤波器。
- Math Operations 模块库中的 Product 模块。用来完成低频信号的调制与解调。

数字滤波器系统仿真模型如图 11-14 所示。

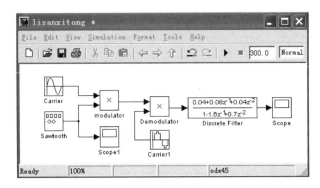

图 11-14   数字滤波器系统模型

（2）系统模块参数设置。

在数字滤波器系统模型建立之后,需要对模型中各个系统模块进行如下的参数设置：
- 正弦载波信号模块 Carrier 的参数设置：频率 Frequency 设置为 1000rad/s,其余设置为默认值。
- 信号发生器模块 Signal Generator 参数设置：该模块用来产生多种信号,如方波信号、正弦信号、锯齿波信号及随机信号等,使用时只需选择相应的信号即可。本例中,模块 Signal Generator 参数 Wave form 设置为 sawtooth,幅值与频率均为 1（默认值）。
- 正弦解调信号模块 Carrier1 参数设置：解调信号为离散信号,主要是为了使数字滤波器的输入信号为数字信号,其频率为 1000rad/s,采样时间（Sample time）为 0.005s,其余采用默认值。
- 数字滤波器模块 Discrete Filter 参数设置：分子多项式（numerator）为 $[0.04 \quad 0.08 \quad 0.04]$,分母多项式为 $[1 \quad -1.6 \quad 0.7]$,采样时间为 0.005s。数字滤波器的采样时间一般应与解调信号的采样时间保持一致。

（3）系统仿真参数设置与仿真结果输出。

在系统模块参数设置完毕之后,然后设置系统仿真参数,在此使用变步长连续求解器对系统进行仿真,仿真参数设置如图 11-15 所示。

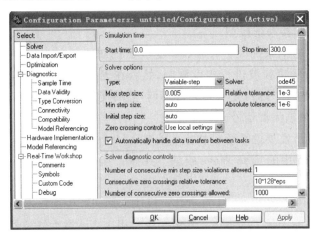

图 11-15   数字滤波器系统仿真参数设置

最后对系统进行仿真，运行之后，原始锯齿波信号如图 11-16 所示，数字滤波器的输出信号如图 11-17 所示，可观察输入信号和输出信号的区别。

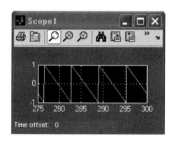

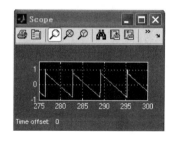

图 11-16　原始锯齿波信号　　　　图 11-17　系统仿真结果

显然，数字滤波器的输出信号与原始锯齿波信号并不完全一致，存在一定的失真。这种失真是不可避免的，因为实际中并不存在理想的滤波器，不能完全滤除掉信号的某种频率分量；而且在使用高频载波对低频信号进行调制时，信号之间不可避免地出现相互干扰。此数字滤波器只能较好地滤除解调后锯齿波信号的高频部分，从而获得低频锯齿波信号。

11.5　量化与调制

【例 11-11】　使用 MATLAB 对一个正弦信号数据进行标量化。

解：编写 M 文件如下：

```
clear, format compact
N = 8;
t = [0:100] * pi/20;
y = sin(t);
[p,c] = lloyds(y,N);
[index,quant,distor] = quantiz(y,p,c);  % 标量化函数命令
plot(t,y,t,quant,'*')
```

程序运行结果如图 11-18 所示。

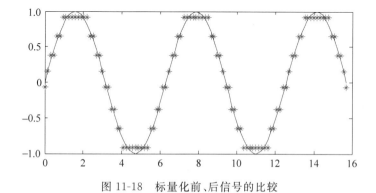

图 11-18　标量化前、后信号的比较

【例 11-12】　使用 MATLAB 对信号进行正交幅度调制。

解：编写 M 文件如下：

```
clear, format compact
Fs = 100;                    % 采样频率
Fc = 15;                     % 载波信号频率
t = 0:0.025:2;
y = sin([pi * t', 2 * pi * t']);   % 两个正弦波
a = amod(y, Fc, Fs, 'qam');   % 调制信号
u = ademod(a, Fc, Fs, 'qam'); % 解调信号
plot(t, y, ' - ', t, u, '.')
```

程序运行结果如图 11-19 所示。

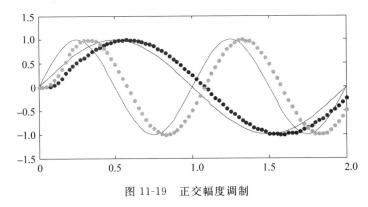

图 11-19　正交幅度调制

习题 11

11-1　已知 $x(n) = \begin{cases} 2^{-n} + 5, & n \geqslant -1 \\ 0, & n < -1 \end{cases}$，$y(n) = \begin{cases} n+2, & n \geqslant 0 \\ 3(2^n), & n < 0 \end{cases}$，求 $x(n)$ 与 $y(n)$ 之和。

11-2　已知序列 $x(n) = \begin{cases} 2^{-n} + 5, & n \geqslant 1 \\ 0, & n < 1 \end{cases}$，求 $x(n)$ 的反褶序列。

11-3　用 Hanning 窗设计一个满足下列指标的 FIR 低通滤波器：

$$\omega_p = 0.2\pi, \quad \omega_s = 0.5\pi, \quad R_p = 3\text{dB}, \quad R_s = 40\text{dB}$$

11-4　设计一个 24 阶 FIR 带通滤波器，通带范围为 $0.2 \sim 0.5$。

<table>
<tr><td>第 12 章
CHAPTER 12</td><td># MATLAB 在数据分析
中的应用</td></tr>
</table>

本章主要介绍数据插值、多项式曲线拟合以及数据分析。

12.1 数据插值

插值就是对数据点之间函数的估值方法。当人们不能很快地求出所需中间点的函数值时,插值是一个有价值的工具。例如,当实验测量结果为一些数据点时,可以用 MATLAB 软件通过编制程序将数据点连接起来作出图形。数据线性插值就是将中间点数据落在数据点之间的直线上。数据点个数越多,线性插值越精确。

【例 12-1】 在[-2,2]区间分别用 6 个点和 60 个点作线性插值,绘制函数曲线(如图 12-1 所示)。

解:编写 M 文件如下:

```
x = linspace( - 2,2,6);      % 在 - 2～2 插值 6 个数据(含 - 2 和 2)
y = x.^2;
xi = linspace( - 2,2,60);    % 在 - 2～2 插值 60 个数据(含 - 2 和 2)
yi = xi.^2;
plot(x,y,' - or',xi,yi,' * b')
```

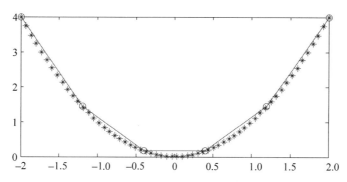

图 12-1　分别为 6 个数据点和 60 个数据点的两条一维插值曲线

从图 12-1 可以看出,60 个数据点绘制的曲线比 6 个数据点绘制的曲线更加光滑和准确。

一维插值主要针对单变量函数进行插值。在 MATLAB 里,数据的一维插值函数为 interp1,它的调用格式如下:

S＝interp1(x,y,xi,'linear')：线性插值,非插值点处有转折,是 interp1 函数的默认方法,等同于 spline(x,y,xi)。

S＝interp1(x,y,xi,'spline')：三次样条插值,平滑性好,满足三阶多项式的数据插值。

S＝interp1(x,y,xi,'nearest')：临近法插值,插值速度快。

其中,x 是自变量取值范围,y 是函数取值,xi 是插值点数。

【例 12-2】 用 3 种一维插值方法重新绘制例 12-1 的曲线(如图 12-2 所示)。

解：编写 M 文件如下：

```
x = linspace( - 2,2,6);            %分出 6 个数据点
y = x.^2;
xi = linspace( - 2,2,60);          %分出 60 个数据点,但是并不画图
s = {'linear','spline','nearest'}; %3 种线性插值方法
for i = 1:3
        yi = interp1(x,y,xi,s{i});
        subplot(1,3,i)
        plot(x,y,'or',xi,yi)       %画出 6 个数据点的原曲线和 60 个数据点的线性插值(实线)
end
```

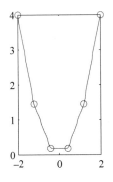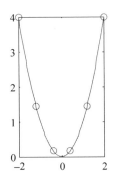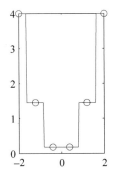

图 12-2　3 种一维插值不同曲线

在实际工程中,三次样条插值方法的插值效果最好,如图 12-2 所示中间的曲线。因此,MATLAB 专门提供了三次样条插值函数 spline。spline 函数计算的结果与 interp1 函数中使用 spline 方法得到的结果是相同的。spline 的调用格式为 spline(x,y,xi),x 和 y 是原始数据,xi 是插值点的自变量矢量,等同于 interp1(x,y,xi,'spline')。

二维插值是基于与一维插值同样的基本思想。然而,正如名字所隐含的,二维插值是对两变量的函数 z＝f(x,y)进行插值。

12.2　多项式曲线拟合

曲线拟合是根据一组或多组数据找出数据上可以描述数据走向的一条曲线的过程,是人们设法找出某条光滑曲线最佳的拟合数据,但不必经过任何数据点,就可以评价是否准确描述测量数据的简单常用的通用方法。通过拟合曲线可以观察数据点和其之间的平方差是否为最小,这种方法称为最小二乘曲线拟合。

实现拟合用的函数命令为 polyfit(x,y,n),其中,x 和 y 分别为被拟合的数据,n 为拟合多项式的阶次。若选择 n=1 作为阶次,得到最简单的线性近似,通常称为线性回归;若选择 n=2 作为阶次,得到一个 2 阶多项式。

【例 12-3】 数据 $x=[0\ \ 0.1\ \ 0.2\ \ 0.3\ \ 0.4\ \ 0.5\ \ 0.6\ \ 0.7\ \ 0.8\ \ 0.9\ \ 1]$,$y=[-0.32\ \ 0.75\ \ 1.86\ \ 4.56\ \ 5.14\ \ 6.43\ \ 7.21\ \ 9.2\ \ 10.78\ \ 12.66\ \ 15.86]$,画出数据点,对原数据点做二次曲线拟合并绘制出曲线(如图 12-3 所示)。

解:编写 M 文件如下:

```
x = [0 0.1 0.2 0.3 0.4 0.5 0.6 0.7 0.8 0.9 1];
y = [ - 0.32 0.75 1.86 4.56 5.14 6.43 7.21 9.2 10.78 12.66 15.86];
p = polyfit(x,y,2);             % 2 阶拟合曲线
x1 = linspace(0,1,60);          % 产生 60 个数据点
y1 = polyval(p,x1);             % 拟合曲线在 60 个数据点处的函数值
plot(x,y,' * r',x1,y1)
```

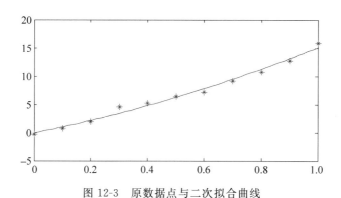

图 12-3　原数据点与二次拟合曲线

有很多不同的方法定义最佳拟合,并存在无穷数目的曲线。当最佳拟合被解释为在数据点的最小误差平方和,且所用的曲线限定为多项式时,曲线拟合是相当简捷的,就是数学上称为多项式的最小二乘曲线拟合。拟合线和标志的数据点之间的垂直距离是在该点的误差。对各数据点距离求平方,并把平方距离全加起来,就是误差平方和。这条拟合线是使误差平方和尽可能小的曲线,这就是最佳拟合。最小二乘仅仅是使误差平方和最小的省略说法。

【例 12-4】 对例 12-3 的数据 x 和 y 再做 9 阶多项式曲线拟合,并在同一坐标里分别绘出原数据曲线、2 阶曲线拟合曲线、9 阶曲线拟合曲线(如图 12-4 所示)。

解:编写 M 文件如下:

```
x = [0 0.1 0.2 0.3 0.4 0.5 0.6 0.7 0.8 0.9 1];
y = [ - 0.32 0.75 1.86 4.56 5.14 6.43 7.21 9.2 10.78 12.66 15.86];
p2 = polyfit(x,y,2);
p9 = polyfit(x,y,9);
x1 = linspace(0,1,60);
y1 = polyval(p2,x1);
y2 = polyval(p9,x1);
plot(x,y,' * r',x1,y1,' -- ',x1,y2,'b')
```

在实际工程中,有时为了提高拟合准确性,常采用高阶多项式拟合所测量的数据。但

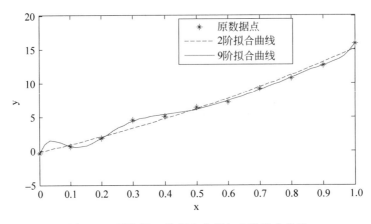

图 12-4   原数据、2 阶拟合曲线与 9 阶拟合曲线

是，如果提高多项式阶次，也会给拟合曲线带来局部波浪曲线如图 12-4 中的 9 阶曲线拟合，从而增加了拟合的均方误差，对工程中的数据分析带来不利影响。因此，对测试数据进行拟合分析时，一定要综合考虑拟合的阶次和均方误差的因素，才能充分发挥拟合的作用。MATLAB 中曲线拟合和插值函数如表 12-1 所列。

表 12-1   曲线拟合和插值函数

函数命令	解　　释
polyfit(x, y, n)	对描述 n 阶多项式 y＝f(x)的数据进行最小二乘曲线拟合
interp1(x, y, x0)	一维线性插值
interp1(x, y, x0, ' spline')	一维 3 次样条插值
interp1(x, y, x0, ' cubic')	一维 3 次插值
interp2(x, y, Z, xi, yi)	二维线性插值
interp2(x, y, Z, xi, yi, ' cubic')	二维 3 次插值
interp2(x, y, Z, xi, yi, ' nearest')	二维最近邻插值

12.3　观测数据分析

12.3.1　条形图数据分析

条形图数据分析主要用于一定时域内比较不同数据的结果，并且显示这些数据的总和。条形图用于离散数据显示。条形图在维数上有两种图形：二维条形图和三维条形图；在方位上也有两种图形，即垂直条形图和水平条形图。所以条形图共有 4 个函数，如表 12-2 所列。

表 12-2   条形图函数

	二维	三维
垂直	bar	bar3
水平	barh	bar3h

另外，条形图的表现形式也有两种：累积式和分组式，分别用 ' stacked ' 和 ' grouped ' 表示。

【**例 12-5**】　二维条形图数据分析(如图 12-5 所示)。

解：编写 M 文件如下：

```
Y = round(rand(6,3) * 10);        % 随机产生 6 行 3 列数据,将数据乘 10 倍并取整数
subplot(121)
bar(Y,'group')                     % 分组式条形图
subplot(122)
barh(Y,'stack')                    % 累积式条形图
```

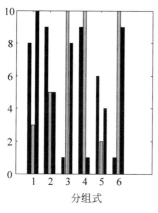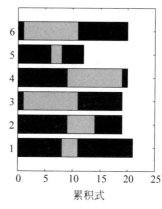

图 12-5　二维条形图数据

12.3.2　饼图数据分析

为了显示数据元素在总体中所占的比例,常需要用饼图表示。在 MATLAB 中,绘制饼图的函数有两个,即 pie 函数和 pie3 函数,分别用于二维和三维饼图的创建。

explode 定义饼图对应扇块是否突出,1 为突出,0 为不突出。

【**例 12-6**】　二维饼图数据分析(如图 12-6 所示)。

解：编写 M 文件如下：

```
x = [1 1.5 3 2.5 5 7];            % 给出 6 个数据
explode = [0 1 0 0 1 0];          % 将第 2 个数据和第 5 个数据对应的扇块突出来
subplot(121)
pie(x)
subplot(122)
explode = [0 1 0 1 0 0];
pie (x,explode)                   % 绘制分离出来的饼图
```

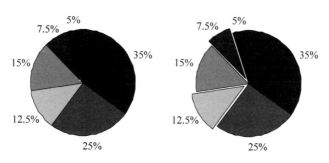

图 12-6　二维饼图百分比统计图形

【例 12-7】 三维饼图数据分析（如图 12-7 所示）。

解：编写 M 文件如下：

```
x = [1 1.5 3 2.5 5 7];
explode = [0 1 0 0 1 0];
subplot(121)
pie3(x)                      % 绘制三维饼图
subplot(122)
explode = [0 1 0 1 0 0];
pie3(x,explode)              % 绘制分离的饼图
```

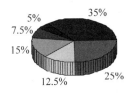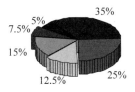

图 12-7　三维饼图百分比统计图形

习题 12

12-1　在 $[-5,5]$ 区间上分别用 10 个数据点和 60 个数据点，采用样条插值函数绘制函数的图形。

12-2　对数据 $x = [0\quad 0.1\quad 0.2\quad 0.3\quad 0.4\quad 0.5\quad 0.6\quad 0.7\quad 0.8\quad 0.9\quad 1]$ 和 $y = [-0.232\quad 0.647\quad 1.877\quad 3.565\quad 5.134\quad 7.443\quad 9.221\quad 10.011\quad 11.678\quad 12.566\quad 13.788]$ 作二次曲线拟合，并绘制原数据点和拟合曲线。

12-3　某生产车间 4 台机器 10 天分别加工零件件数如表 12-3 所列，采用二维条形图方法绘制数据分析图。

表 12-3　某生产车间 4 台机器 10 天分别加工的零件数

	第 1 天	第 2 天	第 3 天	第 4 天	第 5 天	第 6 天	第 7 天	第 8 天	第 9 天	第 10 天
第 1 台	20	23	27	22	28	30	32	25	20	24
第 2 台	22	24	25	24	20	28	30	24	21	25
第 3 台	23	25	24	31	29	30	31	32	29	40
第 4 台	27	26	30	35	32	33	40	36	33	29

<table>
<tr><td>第 13 章</td></tr>
<tr><td>CHAPTER 13</td></tr>
</table>

MATLAB 在控制系统中的应用

自动控制系统有多种分类方法,主要分为连续系统和离散系统。在连续系统分析中,应用拉氏变换作为数学工具,将系统的微分方程转化为代数方程,建立了以传递函数为基础的时域分析方法,使得问题简化。在离散系统中,采用 Z 变换法将差分方程转化为代数方程,建立以 Z 传递函数为基础的复域分析法。

13.1 系统的传递函数

【例 13-1】 已知系统的微分方程为 $y''' + 5y'' + 10y' + 3y = u'' + 4u' - 8$,求其传递函数。

解:在 MATLAB 命令窗口输入如下代码:

```
num = [1 4 −8];
den = [1 5 10 3];
tf(num,den)
```

程序运行结果如下:

```
Transfer function:
    s^2 + 4 s − 8
---------------------
s^3 + 5 s^2 + 10 s + 3
```

【例 13-2】 已知控制系统的传递函数 $G(z) = \dfrac{z+1}{z^3+3z+6}$,求采样周期为 $T=0.5\mathrm{s}, T=1\mathrm{s}, T=1.5\mathrm{s}, T=2\mathrm{s}$ 时的传递函数。

解:在 MATLAB 命令窗口输入如下代码:

```
num = [1 1];
den = [1 5 2 0 6];
for i = 1:4
T = 0.5 * i;
tf(num,den,T)
end
```

程序运行结果如下:

```
Transfer function:
        z + 1
----------------------
z^4 + 5 z^3 + 2 z^2 + 6
Sampling time (seconds): 0.5
```

```
Transfer function:
z + 1
-----------------------
z^4 + 5z^3 + 2z^2 + 6
Sampling time (seconds): 1
Transfer function:
        z + 1
-----------------------
z^4 + 5z^3 + 2z^2 + 6
Sampling time (seconds): 1.5
Transfer function:
z + 1
-----------------------
z^4 + 5z^3 + 2z^2 + 6
Sampling time (seconds): 2
```

13.2 线性系统的时域分析

1. 连续系统的单位阶跃响应函数

step：求线性定常系统（单输入单输出或多输入多输出）的单位阶跃响应。

【例 13-3】 已知二阶系统传递函数为 $\phi(s)=\dfrac{\omega_n^2+1}{s^2+3\zeta\omega_n s+\omega_n^2}$，当 $\omega_n=6$，阻尼比为 $\zeta=0.1,0.2,0.7,1.0,2.0$，求系统单位阶跃响应。

解：在 MATLAB 命令窗口输入如下代码：

```
wn = 6;
k = [0.1 0.2 0.7 1.0 2.0];
 hold on
 for ki = k
num = wn.^2 + 1
den = [1 3 * ki * wn wn.^2]
step(num, den)
end
```

程序运行结果如图 13-1 所示。

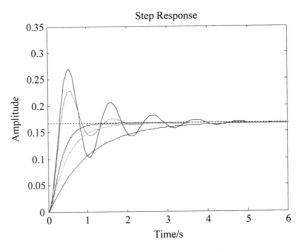

图 13-1　系统的阶跃响应波形图

2. 离散系统的单位阶跃响应函数

dstep：求线性定常离散系统（单输入单输出或多输入多输出）的单位阶跃响应。

【例 13-4】　已知线性定常离散系统的脉冲传递函数 $G(z) = \dfrac{z^2 - 3.2z + 0.5}{2z^2 - 0.6z + 1.8}$，绘制单位

阶跃响应曲线。

解：在 MATLAB 命令窗口输入如下代码：

```
num = [1 - 3.2 0.5];
den = [2 - 0.6 1.8];
dstep(num,den)
dstep(num,den,80)        % 采集离散点数 80
```

程序运行结果如图 13-2 及图 13-3 所示。其中图 13-2 的默认点数为 120，而图 13-3 定义的采集点数为 80。

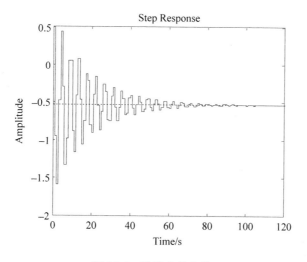

图 13-2　默认离散点数

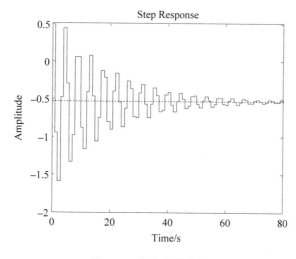

图 13-3　指定离散点数

3. 单位脉冲响应函数

impulse：求线性定常系统的单位脉冲响应。

【**例 13-5**】 已知两个线性定常系统的传递函数为 $G_1(s) = \dfrac{s^2 + 3s + 6}{s^3 + 8s^2 + 5s + 2}$，$G_2(s) =$

$\dfrac{s+2}{2s^2 + 6s + 1}$，绘制它们的脉冲响应曲线。

解：在 MATLAB 命令窗口输入如下代码：

```
num = [1 3 6];
den = [1 8 5 2];
G1 = tf(num,den) ;
num1 = [1 2];
den1 = [2 6 1];
G2 = tf(num1,den1);
impulse(G1,G2)
```

程序运行结果如图 13-4 所示。

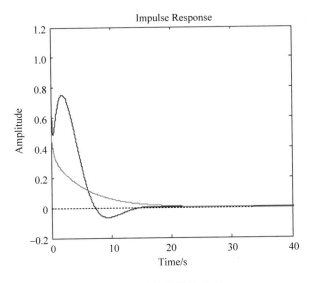

图 13-4 系统的脉冲响应

4. 离散脉冲响应函数

dimpulse：求线性定常离散系统的单位脉冲响应。

【**例 13-6**】 已知离散系统脉冲传递函数为 $G(z) = \dfrac{2z^2 - 3.6z + 2.5}{z^2 - 1.6z + 0.9}$，绘制其脉冲响应曲线。

解：在 MATLAB 命令窗口输入如下代码：

```
num = [2 -3.6 2.5];
den = [1 -1.6 0.9];
dimpulse(num,den)
```

程序运行结果如图 13-5 所示。

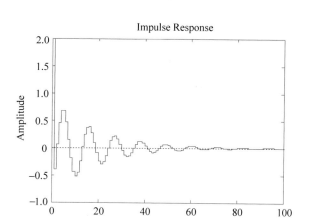

图 13-5　系统的脉冲响应

5. 线性定常系统的时间响应函数

lsim：求线性定常系统在任意输入信号作用下的时间响应。

【例 13-7】 已知两个线性定常系统的传递函数 $G_1(s) = \dfrac{s^2+3s+6}{s^3+8s^2+5s+2}$，$G_2(s) = \dfrac{s+2}{2s^2+6s+1}$，求其在指定的方波信号作用下的响应。

解：在 MATLAB 命令窗口输入如下代码：

```
[u,t] = gensig('square',4,10,0.1);
G1 = tf([1 3 6],[1 8 5 2]);
G2 = tf([1 2],[2 6 1]);
lsim(G1,G2,u,t)
```

程序运行结果如图 13-6 所示。

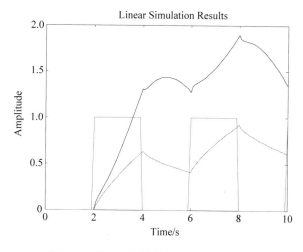

图 13-6　指定方波信号输入时的响应曲线

6. 产生任意信号的函数

gensig：产生任意输入信号。包括正弦波 sin,方波 square,周期性脉冲 pulse。

【例 13-8】 产生周期为 8s,持续时间为 30s,每 0.5s 采样一次的方波。

解：在 MATLAB 命令窗口输入如下代码：

```
[u,t] = gensig('square',8,30,0.5);
plot(t,u)
axis([0,30, - 2,2])
grid
```

程序运行结果如图 13-7 所示。

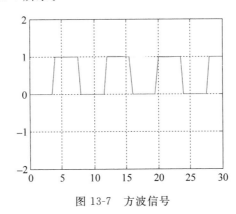

图 13-7 方波信号

13.3 控制系统的根轨迹分析

求根轨迹函数

rlocus：计算并绘制系统的根轨迹图。

【例 13-9】 已知系统的开环传递函数为 $G(s) = \dfrac{s^2 + 3s + 6}{s^3 + 8s^2 + 5s + 2}$,绘制其闭环系统的根轨迹。

解：在 MATLAB 命令窗口输入如下代码：

```
num = [1 3 6];
den = [1 8 5 2];
rlocus(num,den)
```

程序运行结果如图 13-8(a)所示。若在命令窗口输入 grid 即可增加网格线,如图 13-8(b)所示。单击根轨迹图,可以查看相应的零极点信息,如图 13-8(c)所示。

【例 13-10】 系统的开环传递函数为 $G(s) = \dfrac{2s + 1}{s(0.5s + 1)(3s + 1)}$,绘制其闭环系统的根轨迹。

解：在 MATLAB 命令窗口输入如下代码：

```
num = [2 1];
den = conv([1 0],conv([0.5 1],[3 1]));
rlocus(num,den)
```

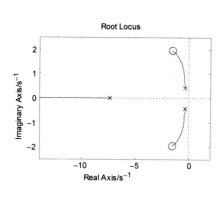

(a) 默认绘制的根轨迹

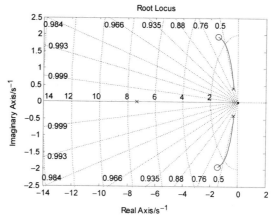

(b) 包含网格线的根轨迹

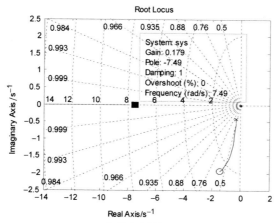

(c) 根轨迹上的性能参数

图 13-8　根轨迹图

程序运行结果如图 13-9 所示。

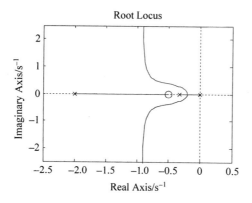

图 13-9　根轨迹图

【例 13-11】 离散控制系统的开环传递函数为 $G(z)=\dfrac{0.5z+3}{z^2+0.3z+2}$，采样周期 $T_s=$ 0.1s，绘制其闭环系统的根轨迹。

解：在 MATLAB 命令窗口输入如下代码：

```
num = [0.5 3];
den = [1 0.3 2];
sys = tf(num,den,0.1);
rlocus(sys)
```

程序运行结果如图 13-10 所示。

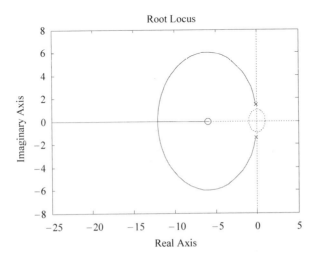

图 13-10　根轨迹图

13.4　控制系统的时域稳定性分析

求零级点图函数

pzmap：绘制系统的零极点图。

【例 13-12】 已知系统的传递函数为 $G(s)=\dfrac{s^3+5s^2+9s+24}{s^5+3s^4+10s^3+25s^2+30s+36}$，绘制该系统的零极点图，并判断系统的稳定性。

解：在 MATLAB 命令窗口输入如下代码：

```
num = [1 5 9 24];
den = [1 3 10 25 30 36];
sys = tf(num,den);              % 建立连续系统的连续函数
pzmap(sys)
```

程序运行结果如图 13-11 所示。

由图 13-11 可知，该系统有位于 s 右半平面的极点，因此系统不稳定。

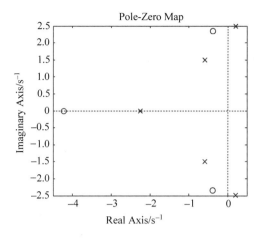

图 13-11　系统的零极点图

【**例 13-13**】　已知离散控制系统的脉冲传递函数为

$$G(z) = \frac{z^3 + 0.3z - 0.58}{3z^4 - 1.8z^3 + 0.25z^2 + 0.26z + 0.24}, 判断其稳定性。$$

解：在 MATLAB 命令窗口输入如下代码：

```
num = [1 0 0.3 - 0.85];
den = [3 - 1.8 0.25 0.26 0.24];
sys = tf(num,den, - 1)                    % 生成离散传递函数
pzmap(sys)
```

程序运行结果如图 13-12 所示。

```
Transfer function:
          z^3 + 0.3 z - 0.85
    ------------------------------------------
    3 z^4 - 1.8 z^3 + 0.25 z^2 + 0.26 z + 0.24

Sampling time: unspecified
```

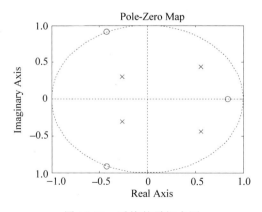

图 13-12　系统的零极点图

从零极点图 13-12 可以看出,系统的极点都在单位圆内,因此系统是稳定的。

13.5 控制系统的频域分析

1. 绘制频率特性曲线函数

bode：计算并绘制线性定常连续系统的对数频率特性曲线（Bode 图）。

【例 13-14】 线性定常系统的传递函数为 $G_1(s)=\dfrac{1}{3s+2}$，$G_2(s)=\dfrac{0.5}{2s^2+s+4}$，$G_3(s)=\dfrac{1}{s+1}$，绘制 Bode 图。

解：在 MATLAB 命令窗口输入如下代码：

```
G1 = tf([1],[3 2]);
G2 = tf([0.5],[2 1 4]);
G3 = tf([1],[1 1]);
bode(G1,'o',G2,'^ - ',G3,'>')
```

程序运行结果如图 13-13 所示。

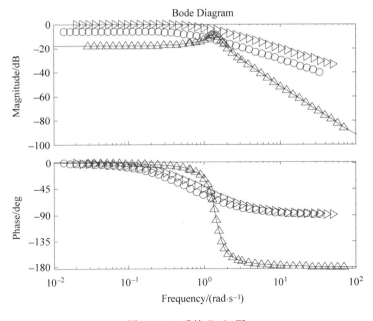

图 13-13　系统 Bode 图

【例 13-15】 线性定常系统传递函数为 $G(s)=\dfrac{10(s+6)}{s(s+0.2)(s+30)^2}$，绘制其 Bode 图。

解：在 MATLAB 命令窗口输入如下代码：

```
num = [10,60];
den = conv(conv(conv([1 0],[1 0.2]),[1 30]),[1 30]);
bode(num,den,' - o')
```

程序运行结果如图 13-14 所示。

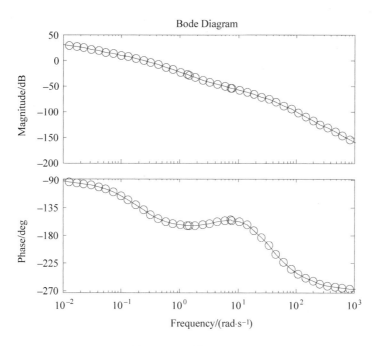

图 13-14　系统 Bode 图

2. 绘制离散系统频率特性曲线函数

dbode：计算并绘制线性定常离散系统的对数频率特性曲线。

【例 13-16】　离散时间系统的传递函数为 $G(z)=\dfrac{2z^2+0.5z+0.75}{z^4+0.1z^3+6z}$，采样周期 $T_s=0.5\mathrm{s}$，绘制其 Bode 图。

解：在 MATLAB 命令窗口输入如下代码：

```
num = [2 0.5 0.75];
den = [1 0.1 6 0 0];
dbode(num,den,0.5)
```

程序运行结果如图 13-15 所示。

3. 绘制稳定裕度函数

margin：计算并绘制线性定常系统的稳定裕度。

【例 13-17】　系统的传递函数为 $G(s)=\dfrac{6s+0.6}{s^3+5s^2+10s}$，计算其稳定裕度。

解：在 MATLAB 命令窗口输入如下代码：

```
num = [6 0.6];
den = [1 5 10 0];
sys = tf(num,den);
margin(sys)
```

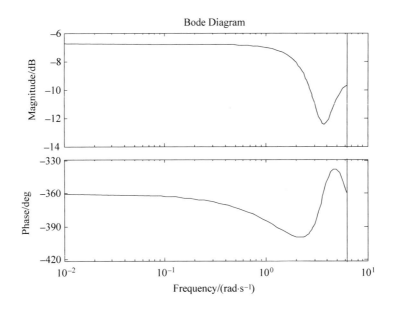

图 13-15　系统 Bode 图

程序运行结果如图 13-16 所示。

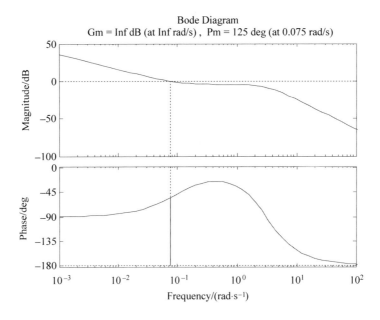

图 13-16　系统 Bode 图

若想得到相应的稳定裕度数据值，则在 MATLAB 命令窗口输入如下代码：

```
[Gm,Pm,Wcg,Wcp] = margin(sys)
```

程序运行结果如下：

```
Gm  =
    Inf
```

```
Pm =
    124.7167
Wcg =
    Inf
Wcp =
    0.0750
```

返回值中,Gm 为幅值裕度,Pm 为相位裕度,Wcg 为截止频率 ω_x,Wcp 为穿越频率 ω_c。

【例 13-18】 离散系统的传递函数为 $G(z) = \dfrac{0.05629z + 0.0466}{z^2 + 2.85z + 0.8902}$,绘制 Bode 图并计算其稳定裕度。

解:在 MATLAB 命令窗口输入如下代码:

```
num = [0.05629 0.0466];
den = [1 2.85 0.8902];
sys = tf(num,den,0.1);
margin(sys)
```

程序运行结果如图 13-17 所示。

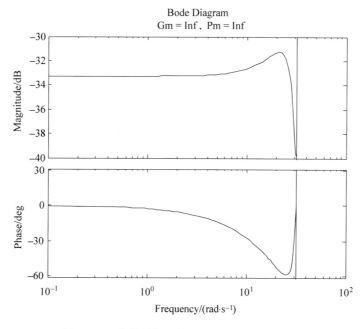

图 13-17 离散时间系统的 Bode 图及稳定裕度

习题 13

13-1 已知系统传递函数为 $G(s) = \dfrac{3s^4 + 2s^3 + 5s^2 + 4}{s^5 + 3s^4 + 4s^3 + 5s^2 + 8s + 6}$,绘制其零极点图,并判断系统的稳定性。

13-2 已知系统的传递函数为 $G(s) = \dfrac{s^2 + 2s + 4}{s^3 + 10s^2 + 5s + 4}$，绘制单位阶跃响应曲线图。

13-3 用 gensig 函数产生周期 5s、持续时间 20s、每 0.1s 采样一次的正弦波。

13-4 已知线性定常系统的传递函数为 $G(s) = \dfrac{2s^2 + 5s + 1}{s^2 + 2s + 3}$，求其在指定的方波信号作用下的响应。

13-5 线性定常系统的传递函数为 $G(s) = \dfrac{s^2 + 0.1s + 7.5}{s^4 + 0.12s^3 + 9s^2}$，绘制其 Bode 图。

13-6 系统的开环传递函数为 $G(s) = \dfrac{2s + 1}{s(0.5s + 1)(3s + 1)}$，绘制其闭环系统的根轨迹图。

PART FOUR

第 4 篇

LabVIEW 基本功能
及应用实例

LabVIEW(Laboratory Virtual Instrument Engineering Workbenth,实验室虚拟仪器工作平台)是美国 NI(National Instrument)公司推出的一种基于 G 语言(Graphics Language)图形化编程语言的虚拟仪器软件开发工具,是目前国际上应用最广泛的虚拟仪器开发环境之一,主要应用于仪器控制、数据采集、数据分析、数据显示等领域,并适用于 Windows、UNIX 等多种操作系统平台。与传统程序语言不同,LabVIEW 采用强大的图形化语言编程,面向测试工程师而非专业程序员,编程方便,人机交互界面直观、友好。设计者可以像搭积木一样,轻松组建测量系统以及构造自己的仪器面板,而无须进行任何烦琐的计算机代码的编写。LabVIEW 最初是为测试测量而设计的,经过多年的发展与创新,LabVIEW 在控制仿真领域也获得了广泛的认可。在工业控制领域常用的设备和数据线中也经常带有相对应的 LabVIEW 驱动程序。LabVIEW 通过程序框图就可以完成程序代码的功能,研究人员运用 LabVIEW 搭建仿真模型,可以验证设计的合理性与潜在问题,还可以实现虚拟仪器的逻辑分析,同时也节约了以往程序设计从思维构思到编程表示的过程。

LabVIEW 具有非常好的平台一致性,用 LabVIEW 设计出来的程序可以运行在多个硬件设备之上。LabVIEW 的代码无须任何修改就可以在 Windows 及 Linux 上运行。

LabVIEW 在图形化编程、信号采集与处理等方面具有较强的功能,可以利用其在硬件接口等方面的强大功能实现硬件在线仿真。利用 MATLAB/Simulink 的建模优势和 LabVIEW 并行处理及友好的人机界面的编程特点进行建模,可以监控模型的控制参数,控制目标机模型的实时运行,将 Simulink 中的模型生成脱离 Simulink 环境的模型 DLL,将其通过 LabVIEW 环境下载到实时处理器的软硬件环境中进行实时仿真。

第 14 章

CHAPTER 14

LabVIEW 基本功能

14.1 基本窗口功能

启动 LabVIEW 7.1 版后,首先出现如图 14-1(a)所示的对话框。LabVIEW 窗口上部的菜单栏为下拉式菜单。菜单中包括普通的选项如 Open、Save、Copy、Paste 以及 LabVIEW 的其他选项。另外,LabVIEW 菜单中使用很多快捷菜单,几乎所有用来创建虚拟仪器的对象都有可选择的快捷菜单,在对象上单击右键即可访问快捷菜单。目前 LabVIEW 的中文版为 LabVIEW 2012 版,如图 14-1(b)所示。

图 14-1(a)对话框中各按钮的作用如下:

New:创建一个新的 VI(Virtual Instrument)程序。点击进入后,会出现一个较大的对话框,如图 14-2(a)所示。

对话框主要有 Create new 目录选项、Front panel preview 和 Block diagram preview 预览窗、VI 程序基本信息描述窗口 Description 等组成。最初使用时,目录选项的基本选项为 Blank VI,预览窗和信息描述窗均为空。单击 OK 按钮,将会出现两个没有标题的新窗口,其中一个为前面板(Front Panel)窗口,另一个为框图程序(Block Digram)窗口,这是 LabVIEW 提供给用户创建\设计虚拟仪器的工作环境。选择菜单栏的 Windows 菜单,在其中选择 Tile Left and Right 选项,可将这两个窗口平铺排列,以便在设计程序时前面板与框图程序的相互对应。

Open:打开一个已有的 VI 程序,单击右边的小箭头,弹出的下拉菜单中包含程序示例和最近 10 次使用的 VI 程序。

Configure:用于创建 VI 程序所设置 NI 的测量和控制工具。但如果没有硬件配置,测量部分不予安装。

Help:打开 LabVIEW 帮助文档。给出了每步操作指令及相关参考消息。

对于 LabVIEW 2012 中文版的界面(图 14-1(b)),单击"创建项目",进入如图 14-2(b)所示的界面,再单击"VI 模块",出现的前后面板外观与其他版本基本类似。虽然 LabVIEW 的版本不断升级,功能越来越多,模块库越来越丰富,但是编程方法和步骤都一样,这些内容将在后面章节中一一介绍。

(a) 启动界面一

(b) 启动界面二

图 14-1   启 动 界 面

(a) New对话框

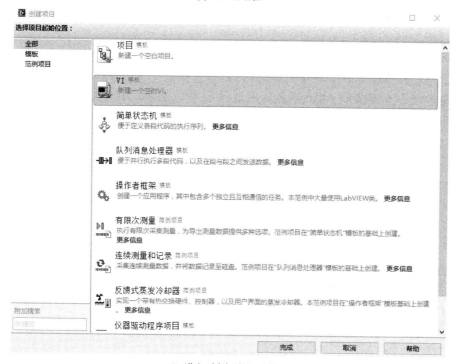

(b) 进入"创建项目"后的界面

图 14-2　创建项目

14.2 工具栏

前面板窗口(如图 14-3 所示)和框图程序窗口(如图 14-4 所示,有的书中称其为后面板或流程程序窗口)都有各自的工具栏,工具栏包括用来控制 VI 的命令按钮和状态指示器。下面分别详细介绍前面板和框图程序窗口工具栏。

14.2.1 前面板窗口工具栏

下面介绍该工具栏(如图 14-3 所示)主要按钮的作用:

图 14-3 LabVIEW 前面板窗口

Run(运行):单击它可以运行 VI 程序。

Run Continuously(连续运行):单击该按钮,此按钮变为 ,则 VI 程序继续执行。当 VI 程序暂停执行,再单击它,则 VI 程序继续执行。

Abort Execution(终止运行):当 VI 程序执行时,工具栏上将出现该按钮,单击它则程序终止运行,但可能会错过一些有用的信息。通常在设计程序时,可以通过设置按钮控制 VI 程序的运行,这样就使得 VI 程序执行的过程是完整、有序的。

Pause/Continue(暂停/继续):单击该按钮可使 VI 程序暂停执行,再单击它,则 VI 程序继续执行。

Text Settings(字体设置):单击该按钮将弹出一个下拉列表,从中可以设置字体的格式,如字体、大小、形状和颜色等。

Align Objects(排列方式):首先选定需要对齐的对象,然后单击该按钮,将弹出一个下拉列表,从中可以设置选定对象的对齐方式,如竖直对齐、上边对齐、左边对齐等。

Distribute Objects(分布方式):选定需要排列的对象,然后单击该按钮,将弹出一个下拉列表,从中可以设置选定对象的排列方式。

Resorder(重叠方式):当几个对象重叠时,可以重新排列每个对象的叠放次序,如前移等。

14.2.2 框图程序窗口工具栏

框图程序窗口的工具栏按钮大多数与前面板的工具栏相同,另外还增加了 4 个调试按钮,如图 14-4 所示。

图 14-4　LabVIEW 框图程序窗口

下面介绍 4 个主要调试按钮的作用：

🔆 Highlight Execution(高亮执行)：单击该按钮,VI 程序以缓慢的节奏一步一步地执行,所执行到的结点都以高亮方式显示,这样用户可以清楚地了解程序的运行过程,也可以很方便地查找错误。当再次单击该按钮时,即可以停止 VI 程序的这种执行方式,恢复到原来的执行方式。

⏩ Start Single Stepping(单步执行)：单击该按钮,程序将以单步方式运行,如果结点为一个子程序或结构,则进入子程序或结构内部执行单步运行方式。

⏩ Start Single Stepping 也是一种单步执行的按钮,与上面按钮不同的是,以一个结点为执行单位,即单击一次按钮执行一个结点。如果结点为一个子程序或结构,也作为一个执行单位,一次执行完,然后转到下一个结点,然而不会进入结点内部执行。闪烁的结点表示该结点等待执行。

⏩ Step Out,当在一个结点(如子程序或结构)内部执行单步运行方式时,单击该按钮可一次执行完该结点,并直接跳出该结点转到下一个结点。

14.3　LabVIEW 的浮动模板功能

LabVIEW 作为一种图形化设计语言,主要提供 3 种图形式化的模板帮助创建 VI：工具模板(Tools Palette)、控制模板(Control Palette)和功能模板(Functions Palette)。

需要注意的是,前面板窗口和框图程序窗口都提供工具模板,而控制模板只出现在前面板窗口中,功能模板只出现在框图程序窗口中。

也就是说前面板所需要的各种控件均由控制模板提供。前面板的设计过程就是利用工具模板中的相应工具,从控制模板中取出所需要的控件并摆放在前面板窗口的适当的位置。而框图程序设计时所需要的各种功能函数均由功能模板提供,利用工具模板中的工具,从功能模板中选出相应的模板图标放置在框图程序窗口中。

14.3.1　工具模板

选择 Windows 菜单下的 Show Tools Palette 选项可显示出工具模板,如图 14-5 所示。

工具模板提供了用来操作、编辑前面板和框图程序上的对象所需

图 14-5　工具模板

的各种工具,可用来创建、修改和调试 VI。当从工具模板中选择了某种工具后,鼠标光标就变为该工具的形状,表示可以进行相应操作。

下面简单介绍主要工具的作用:

✕ ▬ Automatic Tool Selection(自动工具选择):绿灯亮时,开启工具自动选择功能,此时系统会根据鼠标所指对象的位置,自动变换为相应的操作工具,单击该图标可关闭此功能。

✋ Operate Value(操作工具):可以操作前面板的控制器和指示器。当光标经过文本控制器、字符串控制器或数字控制器时,单击它后,就可以在操作工具所在的位置输入字符或数字。

▶ Position/Size/Select(选择工具):用于选择、移动和改变对象的大小。

A Edit Text(标签工具):用于输入标签文本或者创建自由标签。单击标签工具,将所出现的光标移动到前面板或框图程序的任意地方,输入注释文字和数字。

✦ Connect Wire(连线工具):用于在框图程序上连接对象。

▶▤ Object Shortcut Menu(对象快捷菜单工具):可弹出对象的快捷菜单,相当于在其他状态下右击。

✋ Scroll Window(滚动工具):选中该工具,将它放置在窗口的任意位置,使用鼠标拖动,可使窗口中的对象整体平移。而使用窗口滚动条只能单方向移动窗口中的对象。

◉ Set/Clear Breakpoint(断点工具):使用该工具可以在 VI 函数和结构内设计断点,当程序执行到断点时就暂停执行。

◆● Probe Data(探针工具):使用该工具可以在框图程序的连线上设置探针,程序调试时可以通过探针窗口观察该连线上的数据变化情况。

✎ Get Color(颜色提取):使用该工具可以提取对象的颜色,以便用于编辑其他对象。

▣✎ Set Color(颜色工具):使用该工具可以改变对象的颜色,包括改变对象的前景色和背景色。

14.3.2 控制模板

选择前面窗口的 Windows 菜单下的 Show Controls Palette 选项或在前面板窗口上右击,可以显示出控制模板,如图 14-6 所示。控制模板只用于前面板,用来创建控制器和指示器。

下面介绍控制模板中主要模板图标的名称和功能。

Num Ctrls(数值控件):用来设计具有数值属性的控制量。

Buttons(按钮控件):用来设计前面板上的按钮和开关。

Text Ctrls(文本和路径):设计等待输入的字符串和路径类型等对象。

User Ctrls(用户自定义库):显示 user.lib 目录下的控件。

Num Inds(数字量控件):设计用于显示数字量的控制量。

LEDs(发光二极管):设计具有布尔数据类型属性的对象。

Text Inds(字符串控件):显示字符串和文本。

Graph Inds(图形控件):显示波形数据和将数据以图形方式显示。

All Controls(全部的控制量子模板)：单击此图标即可弹出控制子模板，如图 14-7 所示。

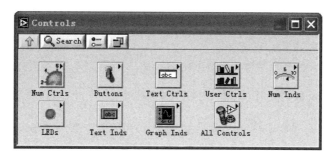

图 14-6　控制模板

图 14-7　控制子面板

把鼠标放到每个图标上，又可出现更多的具体模块。

14.3.3　功能模板

选择框图程序窗口的 Windows 菜单下的 Show Functions Palette 选项或在框图程序窗口右击，可显示出功能模板(Functions Palette)，如图 14-8 所示。功能模板只用于框图程序窗口，用来创建框图程序。功能模板主要包含各种函数(子 VI)及控制流程的结构。模板中显示的是一些子模板的图标，单击图标即可弹出相应的子模板。

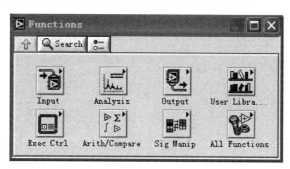

图 14-8　功能模板

下面介绍函数模板中的主要模板图标名称和功能。

输入信号，用于数据采集和信号仿真。

信号分析，实现对信号的测试、分析和处理。

[图标] 输出信号，实现输出信号。

[图标] 用户自定义库，显示 user.lib 目录下的控件。

[图标] 实现执行。

[图标] 算术和比较，实现算术、逻辑等运算。

[图标] 信号操作，对信号操作、数据实现类型转换。

[图标] 包含所有的功能子模板。单击此图标，可打开功能子模板，如图 14-9 所示。把鼠标放到每个图标上，又可出现更多的功能模块。

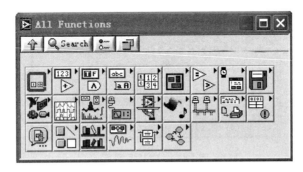

图 14-9　功能子模板

14.3.4　Express VIs 模块功能

Express VIs 是将一些常用的功能集成、封装在简单易用的、交互式的 VI 程序中，从而帮助用户简化一些常用功能的开发过程，用户使用起来非常方便。用户在开发过程中无须编程，只须在整个程序流程图中简单地调用 Express VI 程序，并使用对话框配置其功能即可。下面介绍一些常用的 Express VIs 的模板图标及功能。

[图标] 信号发生器，产生仿真信号。

[图标] 对输入信号进行频域分析如频谱分析。

[图标] 失真测量，对失真、噪声进行分析。

[图标] 对信号的幅值、频率及相位等信息进行测量。

[图标] 对信号的均值、峰峰值等幅值信息进行测量。

[图标] 对信号的频率、周期、脉冲宽度等信号的时域参量进行测量。

[图标] 对信号进行滤波操作。可以选择各种滤波形式，设置滤波器的截止频率等参数。

[图标] 计算信号的均值、最大值、最小值、均方差等参数。

在对话框中可以设置变量,并利用给定的函数编辑公式,可以完成程序中复杂的数学运算。

根据一定的规则,如线性、正态和对数规则,将输入信号的幅值信息改变,形成新的信号。

可以选择对输入时域信号进行差分、微分、积分、求和等运算,输出相应信号。

具有延时功能,设置延时时间后,当程序执行到这个 Express VI 时将会按照设定的时间执行延时操作。一般用于循环结构中的延时操作。

显示从程序执行时起到当前时刻共经历多少时间,以"秒(s)"为单位,可以设置在经过多长时间后自动恢复到零时刻,默认为 12s。

从输入的多个信号中选取其中的一个或几个作为输出信号。

按照一定预先设置好的规则,对采样数据进行压缩。

14.3.5　Simulate Signal.vi 应用举例

【例 14-1】　仿真信号发生器 Simulate Signal.vi 在 VI 程序中的应用。

仿真信号发生器 Simulate Signal.vi 能够产生单一的周期信号和单一的随机信号(噪声)相加的波形,这是信号分析和仿真时经常使用的信号类型。

下面通过例子介绍如何使用如图 14-10 所示的典型信号发生器 Simulate Signal.vi。

Express VI 和其他 VI 的一个不同之处在于通过对话框而不是接线端口来设定参数值。首先来看 Simulate Signal.vi 的参数设定,对话框如图 14-11 所示。

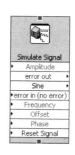

图 14-10　仿真信号发生器 Simulate Signal.vi 端口图

对话框分成 5 个参数设定区域和 1 个预览窗口。分别为信号幅值特性(Signal)、采样时间特性(Timing)、时间戳(Time Stamps)、信号重置(Reset Signal)和信号名称(Signal Name)进行设定。图 14-11 所示的是设置产生一个频率为 6Hz,幅值为 1,初始相角为 0,直流偏置为 0 的正弦信号,这也是 Simulate Signal.vi 的默认值;加入高斯白噪声,噪声类型如图 14-11 所示。从右边的预览窗口可以看到合成波形。本例采样时间特性的设置告诉我们,现在的采样频率为 1000Hz,采样点数为 1000 点,从预览窗口可看到采样时间长度为 1s。

时间戳(Time Stamps)的设置主要调节输出的动态数据类型的时间信息,有两个选项,分别是从测量始点计算的时间(即程序开始运行的时间)和绝对时间(即计算机时间),根据自己的测试信号时间表达方便而定,一般选择默认值(起始时间)。

信号重置(Reset Signal)的改变在预览窗口看不到效果,这个选项在该 VI 被放在循环等结构中重复运行时起作用。它决定了该 VI 每次运行的起点是从对话框的设定值开始,

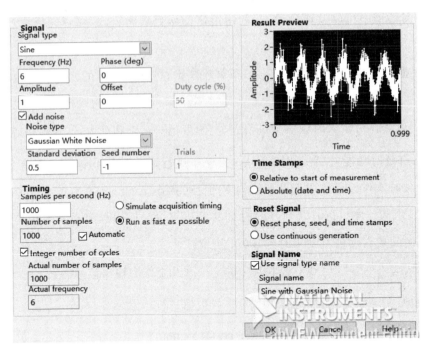

图 14-11　Simulate Signal. vi 的参数设定对话框

还是从该 VI 上一次运行结束点的状态开始。当然在实际应用中用其默认值（连续产生信号）的机会还是比较多的。在这种情况下，我们利用循环就能够产生一个连续的波形，而不至于在每次循环的开始时间点上出现一个波形跳变。

信号名称（Signal Name）的设置可以让用户在 Express VI 的图标上区分产生的波形。

在 Signal 框中如何设定这些信号的具体参数，就要看不同测试分析或仿真的需要了。现在对它稍作修改，在前面板中添加频率和幅值控件（可以控制方波信号的幅值和频率），这样就创建了一个频率和幅值可控的方波信号，其前面板如图 14-12 所示，后面板如图 14-13 所示。

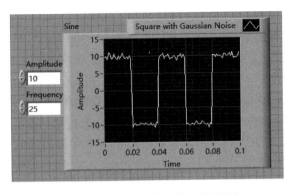

图 14-12　可控方波信号发生器前面板

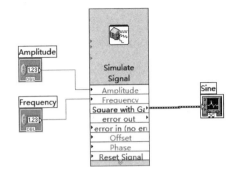

图 14-13　可控信号发生器后面板

注意：此时在参数设置对话框中 integer number of cycles，一定要将"√"去掉，全部参数设置如图 14-14 所示。这样才表示外部设置的幅度和频率模块控制 Simulate Signal. vi 输出信号的幅度和频率值。

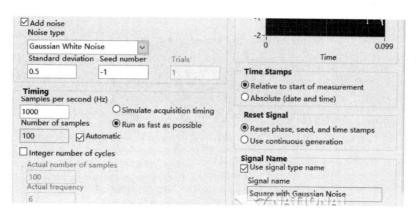

图 14-14　Simulate Signal. vi 的对话框参数设置

14.4　LabVIEW 文本数据表示

用 LabVIEW 编写的程序中,程序运行的最终结果要么显示在计算机的屏幕上,展示给用户,要么保存成文件记录到磁盘。在实际的程序设计过程中,数据的显示和记录都是十分重要的。数据的显示主要涉及数据如何表达。本节主要介绍在 LabVIEW 中的数据显示和表达。

在 LabVIEW 中,用于图形显示与表达的函数和 VI 程序分别位于两个子模板中:控制模板中的 Graph 子模板(Controls→All→Graph)和函数模板中的 Graph & Sound 子模板(Function→All Functions→Graph & Sound)。两个子模板如图 14-15 所示。

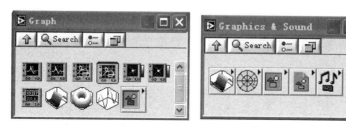

图 14-15　LabVIEW 中用于图形显示与表达的子模板

14.4.1　文本数据表达

文本数据的表达一般通过能够显示文本的显示量控件,如 String Indicator 、Table 、File Path Indicator 等实现。

需要注意的是,文本类数据的显示一般是借助于字符串类型或者字符串数组类型显示控件完成数据表达的。

14.4.2　指示元件数据表达

指示元件包含 Square LED 等布尔型数据控件和 Numeric Indicator 等数值型控件,这些控件可以形象地显示出数据的数值。各种用于指示元件数据表达的控件如图 14-16 所示。

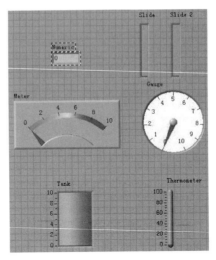

图 14-16　LabVIEW 的指示元件

图 14-16 所示的前面板演示了用这些控件进行指示元件数据表达的方法。在程序中合理地运用这些布尔量和数字量的控件可以使程序增色不少。

14.4.3　二维波形显示

用二维波形的方式显示测试得到的数据，可以直观地看到被测试对象的变化趋势，形象地显示数据的形貌，便于对数据进行观察、分析和处理。LabVIEW 提供了以下几种用于 VI 的二维图形显示。

1. Waveform Chart

Waveform Chart ：以数据点为单位描绘数据。在图 14-17 中显示了 Waveform Chart 对象及其全部组件。

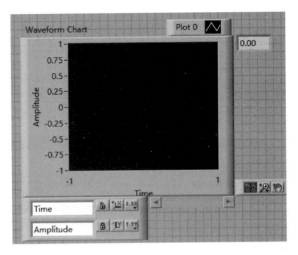

图 14-17　Waveform Chart 前面板图

下面介绍 Waveform Chart 所包含的组件及其功能。

- Lable 标签（对象的标识）：在程序中通过对象的标签实现对对象的访问。

- Caption 标题（对象的名称）：默认情况下和对象的标签相同。

- Y Scale（纵坐标）：纵坐标默认的标签是 Amplitude，可以用标签工具修改为其他值。横、纵坐标的刻度同样可以利用标签工具进行修改。

在 Waveform Chart 上右击，从弹出的快捷菜单中选择 Y Scale，在此可以对纵坐标作进一步的设置。

- X Scale 横坐标。横坐标默认的标签是 Time，关于横坐标的其他设置方法和纵坐标类似，可以参考前面纵坐标的设置。

- Scale Legend（刻度图例）：用刻度图例可以对 Waveform Chart 对象的很多属性进行设置和修改。例如，在刻度图例中有一个锁定图标，单击这个图标，当图标变成锁定状态时表明进入了自动比例状态；当单击这个图标，图标变成开锁状态时，表明刻度回到固定值状态。

- X Scrollbar（横坐标滚动条）：当在 Waveform Chart 中显示的数据过多，以至于不能全部显示时，可以通过拖动滚动条显示图形。

- Graph Palette（图形操作面板）：图形操作面板中共有 3 个按钮，其中最左边和最右边的两个按钮用来切换两种观察模式，单击最右边的按钮可以拖动波形显示窗口以观察窗口外的内容。

- Digital Display（数字显示）：显示波形数据最新的一个数据点的幅值。

- Plot Legend（绘图图例）：显示绘图区中每条曲线的样式，尤其在 Waveform Chart 中同时显示多条曲线波形时，可以分别指定每条曲线的样式。根据实际工程需要，在属性对话框中可以对 Waveform Chart 对象的几乎所有的属性进行比较详细的设置。

2. Waveform Graph

Waveform Graph ：以一段数据为单位描绘数据。

Waveform Graph 的大部分功能和 Waveform Chart 是相似的，下面主要介绍两者的不同之处。Waveform Graph 的组件如图 14-18 所示。

Waveform Graph 和 Waveform Chart 区别之一是：Waveform Graph 没有提供数字显示工具，却提供了游标图例（Cursor Legend）工具，利用游标图例工具可以精确定位 Graph 中某一点的数值，在 Waveform Graph 中右击，在弹出的菜单中选择 Visible Items → Cursor Legend 命令，可以打开游标图例工具。

Waveform Chart 和 Waveform Graph 区别之二是：接收数据的方式及波形刷新方式也

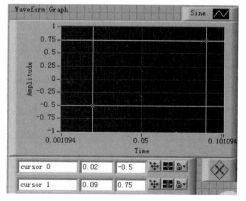

图 14-18　Waveform Graph 对象

不同。Chart 是以一点一点（或一个一个数组）的方式接收数据和实时显示数据的，而Graph 是以数据块方式接收一个数组，然后把这个数组数据一次性送入 Graph 控件中全部显示出来，Graph 不能显示单个数值型数据，但可以显示数组、簇及波形数据。可见，波形Chart 非常适用于描述数据动态变化的规律，实现数据动态观察；而 Graph 波形适用于显示稳定的波形，故常常选择波形 Graph 作为波形显示控件。

3. XY Graph 和 Express XY Graph

XY Graph ▦ ：用横、纵坐标方式描绘数据。

Express XY Graph ▦ ：是与 XY Graph 功能相似的 Express VI。

由于 Waveform Chart 和 Waveform Graph 的横坐标都是均匀分布的，因而在使用上有一定的限制，例如不能描绘出非均匀采样得到的数据。因此，在 LabVIEW 中提供了Express XY Graph 加强了 XY Graph 的功能。

XY Graph 和 Express XY Graph 的输入数据需要包含两个一维数组，分别包含数据点横坐标的数值和纵坐标的数值。在 XY Graph 中需要将两个数组组合成为一个簇，而在Express XY Graph 中则只需要将两个一维数组分别和该 VI 的两个输入数据端口 X Input 和 Y Input 相连。

在图 14-19 所示的例程中用 Sine Pattern(Functions→All Functions→Analyze→Signal Processing→Signal Generation→Sine Pattern)产生相位相差 90°的正弦波信号，分别输入到Express XY Graph 的 X Input 和 Y Input 数据端口相连时，系统自动将 Sine Pattern 函数的输出数据类型转换为动态数据类型。由于输入的两路正弦信号相位相差 90°，则输出的图形为一个圆，如图 14-20 所示。

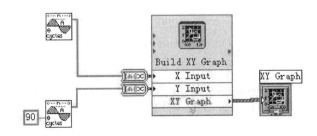

图 14-19　Express XY Graph 流程图

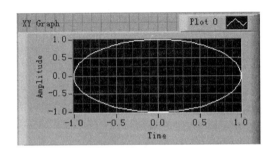

图 14-20　Express XY Graph 前面板显示波形图

4. Digital Waveform Graph

Digital Waveform Graph ▨ ：用于数字信号波形显示。

在 Digital Waveform Graph 中每路信号只有 0 和 1 两个数值，其余元素的设置方法和
Waveform Chart 以及 Waveform Graph 相似。

14.5 LabVIEW 图形显示

LabVIEW 提供了显示三维图形的控件，如强度图函数 Intensity Chart ▨ 、Intensity
Graph ▨ 、三维表面函数 3D Surface Graph ⬡ 、三维参数函数 3D Parametric Graph ◉
以及三维曲线函数 3D Curve Graph ⬡ 。下面逐一详细介绍它们的功能。

1. 强度图函数 Intensity Chart

强度图函数 Intensity Chart ▨ 是一种用于三维数据显示的方式。用法是用一个二维
数组来存储 Z 坐标数据，X 坐标和 Y 坐标分别为每个数据点的索引值。

在默认的情况下，二维数组的每一行对应强度图的每一列。如果想要改变这种关系，可
以在控件上面右击，在弹出的菜单中选择 Transpose Array 命令。每个数据点的颜色可以
任意改变。

2. 强度图函数 Intensity Graph

强度图函数 Intensity Graph ▨ 与 Intensity Chart 之间的关系和 Waveform Graph 与
Waveform Chart 之间的关系非常相似，Intensity Chart 逐点显示数据，每当新的数据到来
时，自动将旧数据向前移动；而 Intensity Graph 则显示一段数据，当一段新的数据到达时自
动刷新原有的旧数据。

3. 三维表面函数 3D Surface Graph

三维表面函数 3D Surface Graph ⬡ 用来描绘一些简单的曲面，但从函数模板的 Graph
子模板中调出 3D Surface Graph 放置在前面板时，在后面板对应出现了两个对象——3D
Surface Graph 和 3D Surface. vi，后者可以从函数模板的 Graphic & Sound 子模板
(Functions→All Functions→3D Graph Properties→3D Surface. vi)中找到。3D Surface. vi
有 3 个关键输入数据端口——x vector、y vector 和 z matrix。其中 z matrix 决定了所绘制
平面和 Z 平面的空间关系，x vector 和 y vector 则可用于修正 z matrix 的数据。

4. 三维参数函数 3D Parametric Graph

三维参数函数 3D Parametric Graph ◉ 是用来绘制一些比较复杂的空间图形。和 3D
Surface Graph 相似，当从函数模板的 Graph 子模板中调出 3D Surface Graph 放置在前面板
时，在后面板对应出现了两个对象——3D Parametric Graph 和 3D Parametric Surface. vi。
后者可以在函数模板的 Graphic & Sound 子模板(Functions→All Functions→Graphic &
Sound→3D Graph Properties→3D Parametric Surface. vi)中找到。

5. 三维曲线函数 3D Curve Graph

三维曲线函数 3D Curve Graph ⬡ 用来绘制空间曲线，与 3D Surface Graph、3D
Parametric Graph 相似，当将三维参数函数放置在前面板时，在后面板自动出现两个对象，

即 3D Curve Graph 和 3D Surface vi。3D Curve Graph 有 3 个参数，即 x vector、y vector 、z vector，分别代表空间曲线在 X、Y 和 Z 平面的投影。

图 14-21 是用 3D Curve Graph 绘制的一条空间曲线。图 14-22 是 3D Curve Graph 绘制空间曲线的后面板程序。

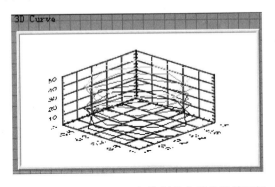

图 14-21　3D Curve Graph 绘制的空间曲线前面板

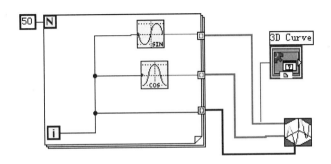

图 14-22　3D Curve Graph 绘制的空间曲线后面板

6. 其他图形的显示

除了上面介绍的几种数据显示表达方式外，LabVIEW 还提供了对数极坐标图、雷达图以及图片等多种图形表达和显示方式，如图 14-23 所示。它们的功能函数和 VI 位于控件模板中的图形子模板中的控件模板（Controls→ All Controls→ Graphic→ Controls）中。

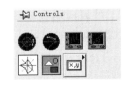

图 14-23　用于其他图形显示的子模板

习题 14

14-1　LabVIEW 包含几种模板，各有什么作用？

14-2　什么是 Express VIs? 了解常用的 Express VIs 及其功能。

14-3　计算随机数的 5 次幂，并将计算得到的数据显示出来。

第 15 章

LabVIEW 创建 VI 的
方法与实例

LabVIEW 的强大功能归因于它的层次化结构,用户可以把创建的 VI 程序当作子程序调用,以创建更复杂的程序,并且这种调用阶数是无限的。LabVIEW 创建的 VI 程序具有模块化特性,易于调试和维护。

15.1 LabVIEW 创建 VI 的设计步骤

如果将 VI 与标准仪器相对照,那么前面板中的模块相当于仪器面板上的部件,而框图程序中的模块相当于仪器箱内部的器件。在许多情况下,使用 VI 可以仿真标准仪器,不仅在屏幕上出现一个惟妙惟肖的标准仪器面板,而且其功能也与标准仪器相差无几。

基于 LabVIEW 创建 VI 包括两个环节:前面板和框图程序(后面板)。

前面板:主要用于输入量的设置和输出量的显示,它模拟了真实仪表的面板。用户使用由系统提供的各种控件图标,如旋钮、开关、按钮、图表和图形等,可设计出清晰直观、易于操作的前面板。

框图程序:用图形编程语言编写,可以把它理解成传统程序的源代码,也可以在其他程序中把它作为子程序来调用。

下面介绍前面板和程序框图的设计过程。

15.1.1 前面板的设计

用户在使用虚拟仪器时,对仪器的操作和测试结果的观察,都在前面板进行,因此应根据实际中的仪器面板以及该仪器所能实现的功能来设计前面板。前面板主要由输入控制器和输出指示器组成。用户可以利用控制模板以及工具模板添加输入控制器和输出指示器(添加后,会在框图程序窗口中自动出现对应的控制器和指示器的端口图标)。控制器是用户输入数据到程序的方法,而指示器可以用来显示程序产生的结果,如数值或图形。使用输入控件器和输出指示器来构成前面板。指示器和控制器有很多种类,可以从控制模板的各个子模板中选取。

前面板是 VI 的虚拟仪器面板,主要有开关、图形、旋钮以及其他控制与显示对象。图 15-1所示的是一个非常简单的随机信号发生器的前面板界面。可以看到,在这个前面板上有一个开关作为控制对象,波形图作为显示对象显示所产生的随机数曲线图。

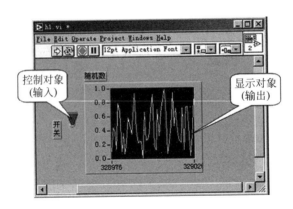

控制对象
（输入）

显示对象
（输出）

图 15-1　随机信号发生器的前面板

15.1.2　框图程序（后面板）的设计

框图程序是所设计 VI 程序的后面板，它提供了 VI 的图形化源程序，相当于程序的源代码，只有在创建了框图程序之后，该 VI 程序才能真正运行。对框图程序的设计主要是对结点、数据端口和连线的设计。

1. 结点

结点是程序执行的元素，类似于文本程序中的语句、函数或者子程序。LabVIEW 共有 4 种结点类型：函数、VI 子程序、结构和代码接口。功能函数是内置结点，用于执行一些基本操作，如加、减、乘和除等数学运算以及文件 I/O、字符串格式化等。VI 子程序结点调用其他 VI 程序作为子程序使用。结构结点（如 For LabVIEW 循环、While 循环控制等）控制程序的执行方式。代码接口结点是框图程序与用 C 语言编写的用户编码之间的接口。

2. 端口

端口是数据在框图程序部分和前面板之间的传输接口，以及数据在框图程序的结点之间传输的接口。端口类似于文本程序中的参数和常数。端口有两种类型：控制器/指示器端口和结点端口（即函数图标的连线端口）。控制或指示端口用于前面板，当程序运行时，从控制器输入的数据就通过控制器端口传输到框图程序。而当 VI 程序运行结束后，输出数据就通过指示器端口从框图程序送回到前面板的指示器。当在前面板创建或删除控制器或指示器时，可以自动创建或删除相应的控制器/指示器端口。

3. 连线

连线是端口间的数据通道，数据是单向流动的，从源端口向一个或多个目标端口流动。不同的线型代表不同的数据类型，每种数据类型还以不同的颜色予以强调。

4. 连线点

连线点（Hot Spot）是连线的线头部分。当需要连接两个端点时，在第一个端点上单击连线工具（从工具模板调用），然后移动到另一个端点，再单击第二个端点。端点的先后次序不影响数据流动的方向。当需要连线转弯时，单击一次鼠标，即可以正交垂直方向的弯曲连线，按住空格键可以转变转角方向。

5. 接线头

接线头（Tip Strip）是为了帮助端口的连线位置正确。当把连线工具放到端口上，接线头就会弹出。接线头还有一个黄色的小标识框,显示该端口的名字。

在图 15-2 的流程图中可以看出,后面板包括前面板上的开关、连线端子、循环结构和连线。随机信号发生器的后面板中放置了一个随机数发生器,用线将它与显示控件相连,就可以将产生的随机信号送到显示控件中去。在外面设置一个 While 循环,让这个程序可以持续工作,将开关与 While 循环相连,用开关按钮控制循环的结束。

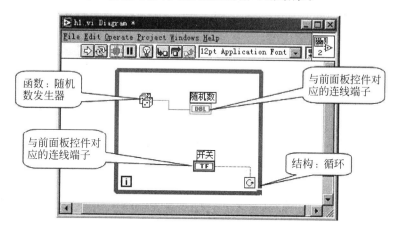

图 15-2 随机信号发生器的框图程序

小结:一个新 VI 的设计步骤如下。

(1)在前面板设计的窗口放置控制元件:前面板开发窗口使用工具模板的相应工具,从控制模板中取用和放置好所需要控制元件,进行参数设置。

(2)在后面板编辑窗口放置结点、框图:从功能模板中取用并放置好所需图标,它们是框图程序中的"结点"和"图框"。

(3)数据流程:使用连线工具按照数据流的方向将端口、结点、图框依次相连接,使数据流从源头按照规定的运行方式到达目的终点。

(4)运行检验:当完成以上 3 个步骤后,前面板程序与后面板框图程序的设计基本完成,即建立了一个虚拟仪器 VI。

在 LabVIEW 编程中,经常需要调用 VI。每个 VI 都可以作为子 VI 被其他 VI 调用。在条件结构编程方法中经常调用子 VI,当 VI 被调用的时候,框图程序中图标或连接器就相当于是一种参数,与其他编程语言不同的是,这种参数是图形化的。

15.2　VI 程序的调试方法

当前面板和框图程序设计好以后,还需要对程序进行调试,以排除程序执行过程中可能遇到的错误。

利用快捷工具栏中的"运行""高亮执行""单步执行""断点设置"进行以下程序调试步骤:

1. 找出语法错误

如果存在语法错误,当启动快捷工具栏的运行按钮时,该按钮将会变成一个折断的箭头,程序不能被执行。单击该按钮,将弹出错误菜单窗口,窗口中列出了错误的项目,然后单击其中列出的任何一个错误,再单击 Find 按钮,则出错的对象或者端口就会变成高亮。

2. 慢速跟踪程序的运行

利用快捷工具栏中的"高亮运行"按钮,该按钮变成高亮形式之后,再单击 🔁 运行按钮,程序就以较慢的速度运行,没有被执行的代码则呈灰色显示,并显示数据流上的数据值。这样就可以根据数据流流动的状态,跟踪程序的执行。这种执行方式一般用于单步模式,来跟踪框图程序中的数据流动。

3. 单步执行

为了查找程序中的逻辑错误,常希望框图程序一个一个结点地执行。使用断点工具可以在程序的某些地点终止程序的执行,用探针或者单步执行方式查看数据。要设置单步执行模式,只需要单击单步按钮。这样,下一个将要执行的结点变为闪烁,表明它即将被执行。也可单击快捷工具栏中的 🔳 暂停按钮,这样程序将连续执行到下一个断点。用户也可以再次单击单步按钮,这样程序将会变成连续执行方式。

4. 断点

从工具模板中选择断点工具,可以在程序的某处暂停程序的执行,用探针或者单步方式查看数据。当 VI 程序运行到断点设置处,程序被暂停在将要执行的结点,以闪烁表示。

5. 设置探针

从工具模板中选择探针工具,将探针工具置于某根连线上,可以用来查看运行过程中数据流在该连线时的数据。

探针设置方法有两种:①利用工具模板上的"探针"工具,单击欲放置探针的连接线。②把工具模板上的"选择"工具或"连线"工具放在欲放探针的连线上,单击该连线会弹出一个对话框,选择 Probe 选项。

当探针设置完毕后,会出现一个探针显示窗口,该显示窗口中的数据即为连线上的数据植。

6. 数据观察

当检验观察中发现有错误时,单击 💡 Highlight Execution 按钮,观察数据流各个结点的数值。

7. 命名存盘

当以上工作完成时,保存所设计的 VI。

15.3　应用实例

【例 15-1】 建一个 VI 将数字转化为文本并显示出来。

解: 用 LabVIEW 编写程序时,常遇到不同数据类型的数据端口相互连接,此时需要将数据类型进行转换。

(1) 新建一个空白 VI。

(2) 在前面板窗口中,从数值型控件子模板中选择 Horizontal Pointer Slide 控件(Control→Numeric Controls→Horizontal Pointer Slide),并更名为"选择数值"。再从字符串子模版选取连接字符串控件(Functions→All Functions→String→Concatenate String)并放在前面板上适当位置,右击其第一个数据端口,在弹出的菜单中选择 Create→Constant

命令,并输入"输入数值为:",右击其输出端口,在弹出的菜单中选择 Create→Indicator 命令,并更名为"显示文本",如图 15-3 所示。

(3) 切换到框图程序窗口,即后面板窗口中,从字符串子模版中选取数字转换为字符串控件(Functions → All Functions → String → String/Number Conversion → Number to Decimal String)放到后面板的适当位置。

(4) 然后从执行控制 Express VI 子模版中选取 While 循环(Functions→Execution Control→While Loop),将后面板中所有模块置于其中,最后将所有模块的数据端口连接上,如图 15-4 所示。

(5) 这样,VI 的前面板和后面板就建完了,然后保存,命名。

(6) 开始运行程序,当拖动"选择数值"指针选择一个数值时,下面的文本框中将同步显示用户选择的数值。

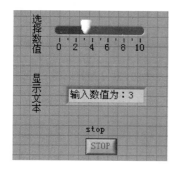

图 15-3　数字转换为文本前面板显示

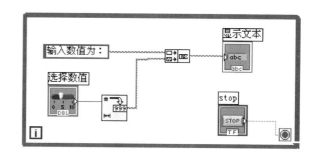

图 15-4　数字转换为文本程序框图

需要注意的是,当在前面板上创建一个控制量或显示量时,在后面板会自动出现相应的控制量或显示图标;同样,在后面板也可以创建前面板所需显示的控制量和显示量。窗口中其他的图标代码需要靠函数模版来创建。

【例 15-2】　正弦波叠加随机数的 VI 设计。要求 VI 产生一个正弦波,并在波形上面叠加一个由随机数发生器产生的随机数,同时在前面板上添加一个直流分量,产生的波形用 Waveform Chart 显示出来。

解: 创建 VI 步骤如下:

(1) 新建 VI,激活前面板。

(2) 从控制模版中选择 Horizontal Pointer Slide 控件(Controls→Numeric Controls → Horizontal Pointer Slide),并选择 Wave Chart(Functions → Graph Indicators → Wave Chart)置于前面板适当位置。

(3) 切换到后面板,从函数模版中选取 Compound Arithmetic 函数(Functions→All Functions→Numeric→Compound Arithmetic),这时,将鼠标置于函数图标上面,可以看到其数据端口,在函数图标上面右击,在弹出的菜单中选择 Add Input 命令,则其图标变成 3 个输入端,选择加法运算函数。

(4) 从函数模版中选取随机数发生器控件 Random Number(Functions→All Functions→Numeric→Random Number)。从 Numeric 子模板选取除法控件(Functions→All Functions→Numeric→ Divide)和正弦运算函数控件(Functions → All Functions → Numeric →

Trigonometric Sine）。

（5）选择 While 循环 Express VI（Functions→Execution Control→While Loop）。将后面板中所有对象包含在循环中，并将循环变量 i 作为被除数与除法函数的第一个数据端口相连，在第二个数据端口前右击，选择 Create Constant，输入 40，将除法函数的输出端口与正弦函数的输入端口相连。

（6）分别将 Horizontal Pointer Slide 控件、Random Number 控件和正弦函数的输出端口与 Compound Arithmetic 函数的 3 个输入端口相连，并将 Compound Arithmetic 函数的输出端口与 Waveform Chart 的输入端口相连。

（7）在后面板的循环体内新建函数 Wait Until Next ms Multiple（Functions→All Functions→Time and Dialog→Wait Until Next ms Multiple），在此模块上，右击 Create Constant，并在输入数据端口新建常量，输入 50，表示每个循环延时 50ms。后面板创建如图 15-5 所示。

（8）保存创建的 VI 的前面板和后面板（保存一个，另一个自动保存），并命名。前面板的运行结果如图 15-6 所示。

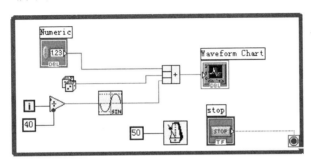

图 15-5　正弦波叠加随机数 VI 后面板

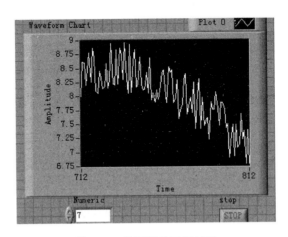

图 15-6　前面板的运行结果

【例 15-3】　简易信号发生器的 VI 设计。要求 VI 可以产生正弦波、锯齿波、方波和三角波 4 种波形，并可以调节波形的幅值、频率和相位。

解：设计的函数发生器 VI 前面板如图 15-7 所示，后面板如图 15-8 所示。由图可知，在前面板可改变输出波形的幅值（amplitude）、频率（frequency）和相位（phase），还可以选择输出信号的类型（signal type）。输出的波形直接由 Waveform Graph 控件显示出来。

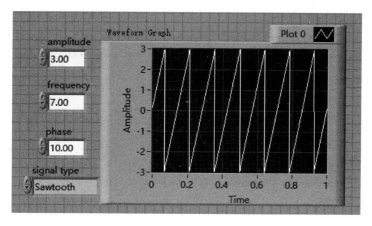

图 15-7　简易信号发生器 VI 前面板

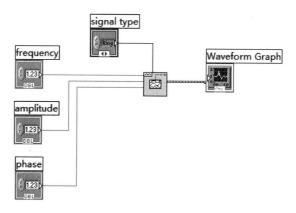

图 15-8　简易信号发生器 VI 后面板

15.4　For 循环和 While 循环的应用

For 循环和 While 循环是创建 VI 常用的功能，都属于控制 VI 执行的重复操作。二者有相似也有区别。如图 15-9 所示为函数子模板，在这个子模板上有 For 循环、While 循环，还有条件结构和定时结构等。

15.4.1　For 循环

For 循环有两个端子：计数端子（输入端子）和重复端子（输出端子）。通过从循环外边连接一个数值到计数端子，可设置计数值。For 循环是将边框内的代码执行 N 次，N 为计数端子的输入值。重复端子的底边和右边暴露于循环内部，用于访问循环的当前计数值。这里 0 表示第 1 次重复，1 表示第 2 次重复。以此类推，$N-1$ 即表示第 N 次重复。

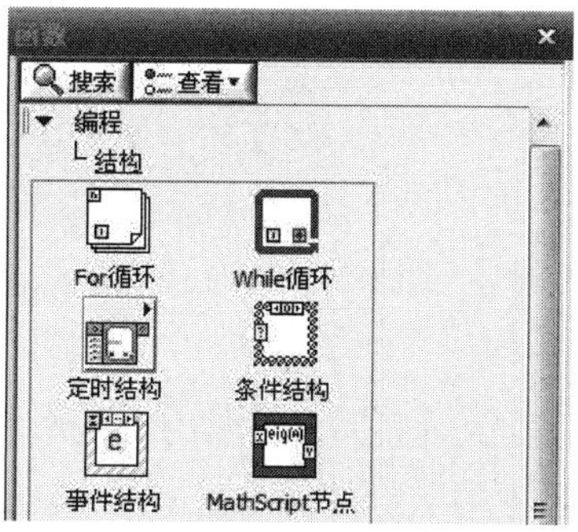

图 15-9　函数子模板模块

【例 15-4】 利用 For 循环设计一个 VI。要求将随机数放置在 For 循环内部，并在前面板上显示随机数及 For 循环计数器。

创建 VI 步骤如下：

（1）在后面板上放置随机数。随机数函数在 Functions→All Functions→Numeric→Random Number 选项板中。为随机函数创建指示器标签 number：0 to1。

（2）在后面板上放置 For 循环并让循环包围随机数。

（3）右击，从计数端子弹出菜单，选择 Create→Constant 命令创建循环常数，设置常数为 100，即循环可执行 100 次。

（4）在重复端子上创建指示器标签 Loop number。

（5）VI 创建完毕，保存并命名。后面板如图 15-10 所示。

（6）运行 VI 程序。

（7）在前面板上，可看到循环计数从 0 增加到 99（即重复 100 次），而每次重复将显示一个 0～1 内的随机数，如图 15-11 所示。

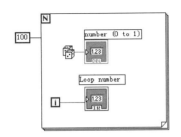

图 15-10　For 循环显示随机数的 VI 后面板　　　图 15-11　For 循环显示随机数的 VI 前面板

（8）可以使用 Highlight Execution 方式运行程序，首先选择 Highlight Execution，然后按 Run Continuously 按钮运行 VI，可以在后面板上观察到数据流过代码，如图 15-12 所示。同时，前面板上显示的数据变化很慢，说明程序运行缓慢，单击 Highlight Execution 按钮将其关闭，会看到数据流移动得非常快。

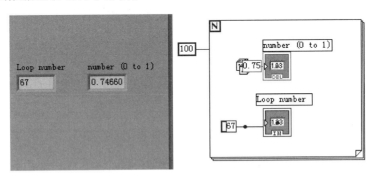

图 15-12　Highlight Execution 方式运行前面板和后面板显示

15.4.2　While 循环

While 循环结构如图 15-13 所示。其有两个端子：条件端子（输入端子）和重复端子（输出端子）。条件端子输入是一个布尔型变量：True 或 False。重复端子是输出循环已执行

次数的数字输出端子。While 循环将一直执行到连接条件端子上的布尔值变成 True 或
False 为止,其取决于条件端子设置为 Stop if True 还是 Continue if True。

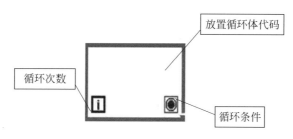

图 15-13　While 循环结构

图中右下角是循环条件,用于在每次循环结束后判断循环是否继续执行。左下角标有
字母 i 的矩形框是循环次数,可以在每次循环中提供当前循环次数的计数值,i 的初始值为
0。两个端子之外的空白区域都可再放置程序代码。

While 循环运行流程如下:首先循环次数的输出数值 0,循环内部的子框图开始运行。
子框图的所有代码都运行完后,根据流入循环条件的布尔类型数据判断是否继续循环。条
件为 Stop if True 时,如果流入的布尔数据为真值,则停止循环,否则继续循环;条件为
Continue if True 时情况相反。如果判断结果为继续循环,则开始第 2 轮循环,此时循环次
数输出数值 1,表示已执行 1 次循环。运行完循环结构的内部代码后,重新判断是否继续。
执行流程按此不断继续,直到在循环条件判断应该结束循环为止。While 循环中的代码至
少执行一次。

如果在已经设置为 Stop if True 的循环条件上接入假值布尔型常量,或者在已经设置
为 Continue if True 的条件端子上接入真值布尔型常量,则 While 循环将永远运行下去,这
时只能通过工具条上的停止按钮强制停止运行。

【例 15-5】 利用 While 循环设计一个显示随机数的 VI。

通过下列步骤创建 VI:

(1) 新建 VI。

(2) 在前面板上放置随机函数(Functions → All Functions → Numeric → Random
Number),为随机数函数创建指示器,并设置标签 number:0 to1,如图 15-14 所示。

(3) 在后面板上放置 While 循环,将随机数函数包围在循环体内,在 Function→All
Functions→Structures 选项板上找到 While 循环,如图 15-15 所示。

(4) 从端子及重复端子上弹出菜单并选择 Create Control,为条件端子创建控件。后面
板上将出现布尔变量,同时前面板上将出现开关按钮。在运行模式下,开关按钮用于停止
While 循环。

(5) 为重复端子创建指示器并设置名称为 Loop number。

(6) 单击 Run 按钮执行程序,并使用 Highlight Execution 模式观察数据流情况。

(7) 从前面板上将看到循环计数器继续增加,直到按下按钮 Stop。这时条件端子变成
False,While 循环将停止。前面板的运行结果如图 15-14 所示。

(8) 将创建的 VI 即前面板和后面板保存并命名。

可以看出,For 循环和 While 循环之间的差别是在于 For 循环执行的循环次数是预先

指定的；而 While 循环则一直执行，直到输入条件变为 False 为止。

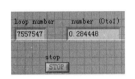

图 15-14　前面板

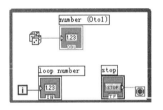

图 15-15　后面板

【例 15-6】　创建 VI，要求同一坐标显示两个波形。

根据前面所讲解的步骤，新建 VI，在 Function 中将图 15-16 中所需模块选出来放到后面板上，连线，运行 VI 程序，则在前面板上同时显示两个波形，如图 15-17 所示。

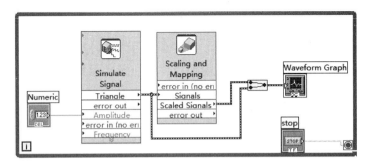

图 15-16　后面板框图程序

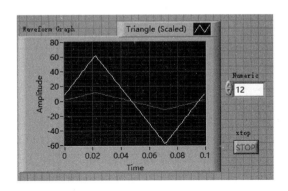

图 15-17　前面板上同时显示两波形

【例 15-7】　创建一个 VI，显示混有噪声的正弦信号的功率谱和自功率谱。

解：由于 Labview 的基本函数 VI 中有计算功率谱的子 VI，如功率谱函数 Power Spectrum. vi、互功率谱函数 Cross Power Spectrum. vi、自功率谱函数 Auto Power Spectrum. vi，所以，可以通过打开 All Functions→Analyze →Signal Processing→Frequency Domain 找到以上函数。其中，Power Spectrum. vi 输出的是双边谱，而 Cross Power Spectrum. vi 和 Auto Power Spectrum. vi 是更高级的 VI，输出的是单边互谱和自谱，并且对输出的频率间隔进行了计算，给出了相关信息。

本例是利用功率谱函数 Power Spectrum. vi 和自功率谱函数 Auto Power Spectrum. vi 创建 VI。创建的 VI 的前面板和后面板分别如图 15-18 和图 15-19 所示。

通过前面板的自功率谱函数窗口,可以看到检测出的混有噪声的正弦信号的基波信号频率。

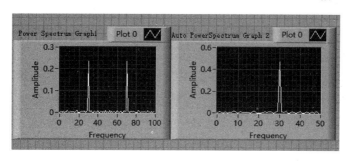

图 15-18　显示波形的前面板

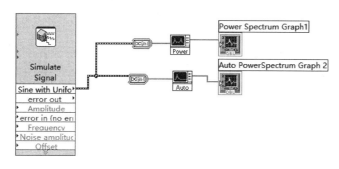

图 15-19　后面板框图程序

【例 15-8】　按下列条件设计一个虚拟函数信号发生器。要求该虚拟仪器面板包含显示波形图、信号类型(正弦波、余弦波、三角波和方波)、波形的频率、幅度、直流偏移量、相位与方波占空比旋钮、公式输入框、停止按钮以及采样率和采样数。

解:由题意,前面板程序设计:

从控件模板(如图 15-20 所示)→经典控件→选出波形图,用于显示波形。

从控件模板(如图 15-21)所示→经典控件→经典布尔选出圆形停止按钮和经典单选按钮。圆形按钮对应传统发生器的电源开关。在单选按钮中加入经典控件→经典布尔中带标签矩形按钮,把 5 个按钮的布尔文本和标签都改成相应 5 种波形的名称,然后利用工具模板将按钮改成蓝色,将标签隐藏。最后把单选按钮改为信号类型。

图 15-20　波形图的选择

图 15-21　按钮的选择

　　从控件模板（如图 15-22 所示）→新式控件→数值中选出旋钮和数值显示控件，用于设计波形的各种参数及其显示值。

　　从控件模板（如图 15-23 所示）→经典控件→经典字符串及路径选出字符串输入控件，用来做公式输入框。

　　从控件模板（如图 15-24 所示）→新式控件→数组、矩阵与簇选出簇，用于设计采样参数，在采样参数框中添加两个数值输入控件，分别为采样数和采样率，默认值都为 1000Hz。

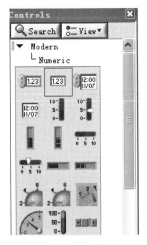

图 15-22　数值显示控件的选择

图 15-23　公式输入框的选择

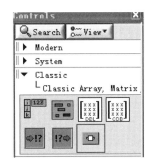

图 15-24　采样参数框的选择

　　将以上控件添加在前面板上，前面板的效果图如图 15-25 所示。

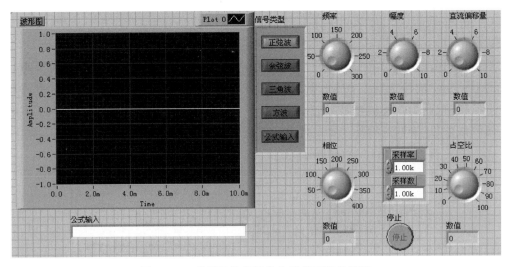

图 15-25　虚拟函数信号发生器前面板效果图

　　后面板框图程序设计：

　　框图程序相当于仪器内部的功能部分。虚拟函数信号发生器的框图程序如图 15-26 所示。程序框图采用 While 循环结构，即仪器的启动和停止采用了 While 循环。当用户按下停止运行开关，即传递给条件端口和布尔值为 False 时，才停止执行方框图内的程序。在框图程序中,也采用了 case 结构,把"信号类型"作为 case 语句的判断条件,根据判断条件进入不同信号发生的帧,单击分支选择器选择信号类型。

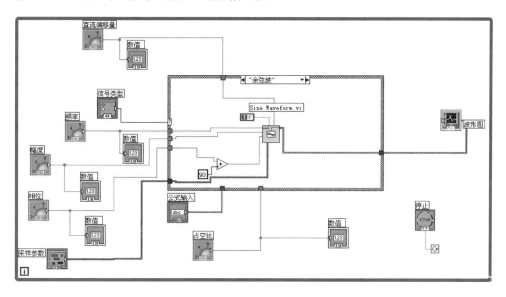

图 15-26　虚拟函数信号发生器程序框图

信号类型设计:

利用 Simulate Signal 这个子 VI,其能够产生正弦、方波、三角波以及公式波信号,所以调用它作为信号发生源。但对于余弦波,需要在正弦波的基础上进一步设计,把相位加 90°。对于方波,除了像其他信号类型一样接入频率、相位、直流偏移量和采样参数外,还要加入占空比。对于公式波形,可以在公式输入框中输入任意公式,产生波形。例如在公式框中输入公式:

$$\sin(10*t)+\sin(30*t)+\sin(50*t)$$

产生 3 次谐波波形如图 15-27 所示。

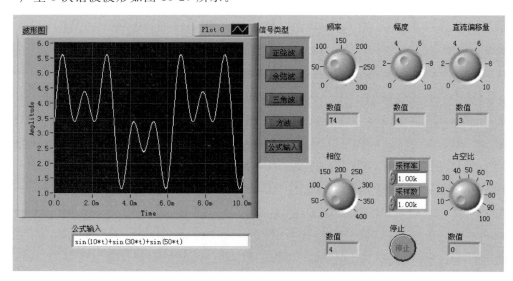

图 15-27　3 次谐波波形显示

习题 15

15-1 LabVIEW 创建 VI 包含哪些步骤？

15-2 VI 程序的调试方法主要包括什么？

15-3 创建一个 VI，比较两个数，当一个数大于等于另一个数时，点亮 LED 指示灯。

15-4 产生 100 个随机数，求其最小值和平均值。

参 考 文 献

［1］ 李国朝. MATLAB 基础及应用[M]. 北京：北京大学出版社，2011.

［2］ 王亚芳. MATLAB 仿真及电子信息应用[M]. 北京：人民邮电出版社，2011.

［3］ 赵鸿图，茅艳. 通信原理 MATLAB 仿真教程[M]. 北京：人民邮电出版社，2010.

［4］ 张学敏. MATLAB 基础及应用[M]. 北京：中国电力出版社，2012.

［5］ 隋思涟，王岩. MATLAB 语言与工程数据分析[M]. 北京：清华大学出版社，2009.

［6］ 胡鹤飞. MATLAB 及应用[M]. 北京：北京邮电大学出版社，2012.

［7］ 龚光红，韩亮. 先进仿真技术实验教程[M]. 北京：机械工业出版社，2010.

［8］ 徐利民，舒君，谢优忠. 基于 MATLAB 的信号与系统实验教程[M]. 北京：清华大学出版社，2010.

［9］ 冯辉宗，岑明，张开碧，等. 控制系统仿真[M]. 北京：人民邮电出版社，2009.

［10］ Robert H Bishop. LabVIEW7 实用教程[M]. 乔瑞萍，林欣，等，译. 北京：电子工业出版社，2006.

［11］ 林君，谢宣松，等. 虚拟仪器原理及应用[M]. 北京：科学出版社，2006.